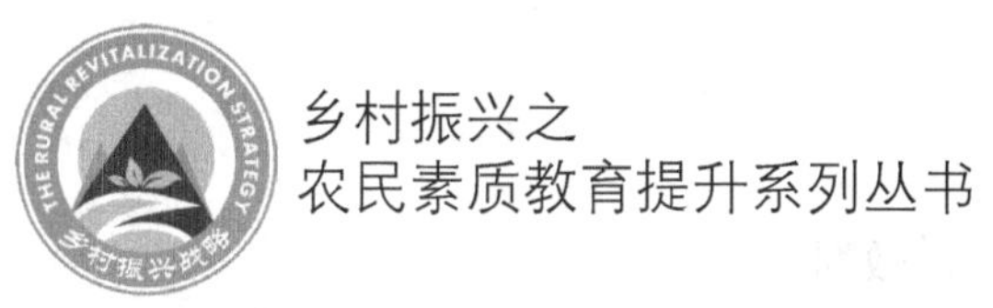

乡村振兴之
农民素质教育提升系列丛书

淡水生态
高效养殖技术

李传武　向 劲　柯青霞　主编

中国农业科学技术出版社

图书在版编目（CIP）数据

淡水生态高效养殖技术 / 李传武，向劲，柯青霞主编 .—北京：中国农业科学技术出版社，2020. 8

（乡村振兴之农民素质教育提升系列丛书）

ISBN 978-7-5116-4810-5

Ⅰ. ①淡…　Ⅱ. ①李…②向…③柯…　Ⅲ. ①淡水养殖-鱼类养殖-生态养殖　Ⅳ. ①S964. 1

中国版本图书馆 CIP 数据核字（2020）第 103777 号

责任编辑　徐　毅
责任校对　贾海霞

出 版 者　中国农业科学技术出版社
北京市中关村南大街 12 号　邮编：100081
电　　话　(010)82106631(编辑室)　(010)82109702(发行部)
(010)82109709(读者服务部)
传　　真　(010)82106631
网　　址　http://www.castp.cn
经 销 者　各地新华书店
印 刷 者　北京建宏印刷有限公司
开　　本　850 mm×1 168 mm　1/32
印　　张　6. 5
字　　数　160 千字
版　　次　2020 年 8 月第 1 版　2020 年 8 月第 1 次印刷
定　　价　32. 00 元

《淡水生态高效养殖技术》

编委会

主　编：李传武　向劲　柯青霞

副主编：吕永昶　贾滔　周贺民　王志明

杜国霞　路伟　苏青　杨德敏

编　委：谢敏　田兴　李金龙　程小飞

陈颖　朱头秀　赵卫华　任丽琴

胡文昊　李新燕　方进　周学红

前　言

传统淡水养殖以追求产量为首要目标，高投入高产出，虽然解决了“吃鱼难”，却造成了资源消耗、疫病频发、环境污染等问题，使水产养殖面临前所未有的生态环保压力。生态高效养殖，运用生态学原理，在保护水域生态的基础上，科学利用优质资源，以取得最佳的生态效益和经济效益。生态高效养殖技术，从养殖条件、养殖模式、品种结构、投入品使用、水质调节、病害防控、日常管理等各个环节，注重生态环保、产品优质、绿色高效。

淡水生态高效养殖技术是符合生态优先绿色发展理念的新技术，从理论上技术上都有待进一步探索和完善。本书对我国淡水生态高效养殖生产实践进行系统总结，包括池塘生态高效养殖技术、大水面生态渔业技术、稻渔综合种养技术及集约化生态养殖技术，力求通俗实用，可供农村水产养殖工作者及水产技术推广人员学习参阅。

《淡水生态高效养殖技术》编写分工：第一章由向劲编写，第二章由谢敏编写，第三章由田兴编写，第四章由李金龙编写，第五章由程小飞编写，全书由李传武组织编写并定稿，王志明协助统稿。

本书编写工作得到湖南省水产科学研究所的大力支持和帮助，也参考和引用了不少专家和同行的文献资料，特在此表示衷心感谢。由于编者水平有限，加之时间仓促，书中难免有疏漏甚至错误之处，敬请读者批评指正。

编　者

2020 年 6 月

目　　录

第一章 绪 论

第一节 淡水养殖概述

一、淡水养殖概念

淡水养殖是指利用池塘、水库、湖泊、江河及其他内陆水域(含盐咸滩涂水域、工厂化鱼池、稻田等)，按照养殖对象的生长或繁殖需求，运用水产养殖技术和设施，从事水生经济动、植物种养。淡水养殖品类丰富，可分为鱼类养殖、贝类养殖、虾蟹类养殖、两栖爬行类养殖、藻类栽培等；养殖方式灵活，按照养殖场所类型分为池塘养殖、大水面养殖、稻田养殖、工厂化养殖，按不同养殖对象的搭配分为单养、混养和立体养殖，按照劳动密集程度分为粗养、半精养和精养。

淡水养殖业的发展伴随着人类对内陆水域资源的影响和利用的过程，科学开发和利用各内陆水域环境资源，可为人类提供优质蛋白质，并加深对内陆水域水产增值养殖、特种水产养殖、水生动物营养学、水域生态学、水生生物学等相关科学的认知，同时，这些学科的发展反过来也推动了淡水养殖业的不断进步。

二、世界淡水养殖发展

随着近百年世界人口激增，人们对水产品的需求也随之增长，同时，捕捞渔业的产量增速趋缓，推动了一些淡水资源较发达的国家大力发展淡水养殖业。

前苏联、美国、东南亚及许多欧洲国家，均于20世纪50—60年代开始大规模推广池塘养殖，同时，重视鱼苗种质、苗种培育、饲料营养等相关学科的研究工作及推广应用，成效显著。

在湖泊及水库渔业方面，国外均经历了从捕捞野生鱼类单一模式到捕捞+增殖放养并举的产业转型，之后分化为两种发展方向。一种偏向于生态渔业：增殖鱼类资源、培殖生物饵料、加强繁殖保护、适度捕捞及游钓；另一种则向精养方式转变：改养食物链短及适应性强的品种、增大养殖密度、施肥投饲、改善基础设施等。前苏联十分重视水库渔业的发展，在这一领域遥遥领先，70年代末已经利用了全国50%以上的水库面积进行养殖活动，养殖模式与养殖规模不断发展的同时，还设立了专门的渔业资源保护机构，率先运用高科技对渔业资源进行监管。

在集约化养鱼方面，前苏联、日本、德国和美国最先重视养殖环境的改造和养殖品种的选育与引种工作。前苏联在1968年开始利用发电厂排出的温水进行养鱼，并大规模推广水泥池精养；日本、美国、前苏联及德国的网箱养殖业起步较早，到20世纪80年代时，养殖技术与规模已趋成熟。

进入21世纪后，各国淡水养殖增长速度开始放缓，但在动物性食品生产的增速排行中仍居首位。对各类淡水养殖对象的产量变化进行比较，非鱼类养殖品种（特别是对虾、鳌虾和螃蟹等）的产量占比有强劲上升趋势，但当前鱼类产量仍远超其他养殖种类产量之和；以各大洲进行比较，欧洲的淡水养殖业增长乏力，亚洲和非洲的发展中国家成为目前淡水养殖产量保持增长的主要驱动力。

三、我国淡水养殖发展

我国疆域辽阔，内陆水域资源丰富，是世界上淡水水面最多

的国家之一，也是淡水渔业发展最早的国家，淡水养殖在我国有着悠久的历史和深厚的底蕴。早在商朝晚期就有了池塘养鱼的记录，至春秋末期的范蠡在太湖水域进行人工养鱼，并编著了世界上第一部养鱼专著《养鱼经》，其后随着各代先辈对水产养殖的实践积累及思考总结，出现了如《种鱼经》《闽中海错疏》《渔书》《官井洋讨鱼秘诀》《农桑辑要》等多部水产养殖相关著作。

新中国成立以来，党和政府非常重视淡水养殖，我国的淡水养殖业得到了较快发展。1958 年，我国特有的鲢鱼、鳙鱼人工繁殖首获成功，之后草鱼和青鱼也相继成功，紧接着出现的“水、种、饵、密、混、轮、防、管”八字精养法，为我国水产养殖业的发展腾飞奠定了坚实基础，也成了我国淡水养殖的重要里程碑。改革开放后，我国水产品供需全面放开，实行市场化自主调节，渔业生产力又得到了进一步的解放和发展。

经过改革开放 40 年的快速发展，2018 年我国水产养殖总产量超过 5 000 万 t（其中，淡水养殖产量超过 3 000 万 t），占全国水产品总产量的比重达 78%以上，是世界上唯一养殖水产品总量超过捕捞总量的主要渔业国家。

淡水养殖业的快速发展为解决吃鱼难、丰富菜篮子，提高人民生活质量，加快农民脱贫致富以及出口创汇，促进社会经济发展都作出了重大贡献，但是，进入新时代，传统水产养殖业面临资源与生态环保的巨大压力，转方式、调结构，生态优先，提质增效，绿色发展，推广应用生态高效养殖技术是现代渔业发展的必由之路。

第二节 淡水生态高效养殖技术

生态高效养殖技术是现代淡水养殖业的发展之路，其实质在于从生产细节入手，严格按操作规程实施，满足养殖对象生长所需的各种条件，采取科学的防病方法，实现高效生产且生态环保。我国淡水生态高效养殖技术正处于快速发展阶段，目前主要包括池塘生态高效养殖技术，大水面生态渔业技术、稻渔综合种养技术、集约化生态养殖技术。这些技术模式虽然是利用不同养殖平台、采用不同养殖方法、养殖对象也各不相同，但它们有着生态高效养殖的共同特征。

（1）选择抗病、抗逆性强、效益突出的养殖品种。

（2）对养殖水环境进行精细化调控管理。

（3）绿色高效的多元化经营管理模式。

（4）重视水产品品质及食品质量安全。

第二章　池塘生态高效养殖技术

池塘养鱼是我国淡水养殖的主要形式，在淡水养鱼总产量中占70%左右。池塘养殖具有投资小、见效快、生产稳定的特点，体现着水产养殖特色和技巧。随着生态环保意识的日益增强，湖泊水库等大水面划为禁止或限制养殖区，池塘在淡水养殖的地位和作用将更加重要。

第一节　养殖模式与品种

为了合理的发挥养殖池塘与养殖鱼类的生产潜力，充分利用饵料，提高水体的鱼产力，在传统的混养模式的基础上，开发出鱼菜共生、池塘工程化循环水养殖及多级人工湿地等多种新型养殖模式。混养是根据不同养殖鱼类的生物学特性，充分运用它们之间相互有利的一面，将多种养殖鱼类和多规格的鱼类进行高密度混养的养殖模式。新型养殖模式则是根据植物与动物的生物学特性开发的生态高效养殖模式，可有效去除养殖水体中多余的营养元素，改善水体生态，减少养殖病害，保证养殖尾水达标，在提高养殖经济效益的同时，具有良好的生态与社会效益。

一、主要养殖鱼类品种

（一）翘嘴鲌

翘嘴鲌，俗名白鱼，凶猛肉食性，驯化后可食浮性饲料。该鱼属中、上层大型淡水经济鱼类，行动迅猛，易跳跃，性情暴躁，体表鳞片较松易受伤。适应水温 15～32℃，最佳生长水温 22～28℃。

翘嘴红鲌养殖池塘大小选择 3～5 亩（1 亩=666.6m^2，下同）为宜，水生控制在 1.5～2m，养殖水质要保持清新，透明度保持在 30～35cm，pH 值以中性偏碱性为宜。翘嘴红鲌放养鱼种以 10～15cm 冬片为宜，放养密度控制在 800～1 000 尾/亩，鱼种放养时间为 11 月至翌年 3 月，同时，搭配少量的鲢、鳙和鲫等苗种，鳙鱼清理食场、吞食沉淀物，调节和改善养殖水质。苗种阶段，每天投喂 4 次，6—8 月每天投喂 3 次，9—11 月每天投喂两次，饲料投喂应根据天气、水质及养殖鱼摄食情况而定。养殖鱼池高温季节应注意加注新水以及池水消毒，天气变化较大时，应泼洒 VC 进行抗应激处理。

（二）加州鲈

加州鲈，学名大口黑鲈，原产于北美洲，是一种肉质鲜美、抗病力强、生长迅速、易起捕、适温较广的名贵肉食性鱼类，经遗传改良可驯食配合饲料。加州鲈适温范围在 1～36℃时都能生存，10 ℃以上开始摄食，最适生长温度为 20～30℃。

池塘专养加州鲈：选择 2～5 亩养殖池塘，水深控制在 1.5～2m，每亩投放加州鲈鱼苗 4 000～5 000 尾，适当搭配一定比例的鲢鱼、鳙鱼，帮助清理饲料残渣、调节水质。加州鲈对饲料蛋白要求比较高，一般要求蛋白含量在 43%以上，每天投喂 2～3 次，日投率为 10%～13%，每天巡塘，观察鱼摄食情况，及时调整投喂率。专养注意事项：①每日巡查池塘，观察鱼摄食情况，观察水质，严防水质过肥，透明度维持在 30～35cm；②严格防治使用农药，池梗也要避免农药，加州鲈对农药特别敏感；③及时分级，发现加州鲈出现规格差异应及时对其分池，防止大吃小。

池塘套养加州鲈：在不改变主养品种条件下，每亩池塘套养 30～40 尾鱼种，不用另投饲料，年底可收获 15～20kg 加州鲈成

鱼。如鱼塘条件适宜，野杂鱼多，加州鲈鱼混养密度可适当加大。混养注意事项：①池水不宜过肥；②放养量应适当，不宜过多；③混养初期，主养鱼类规格要大于鲈鱼 3 倍以上；④加州鲈鱼特别是幼鱼对渔药较为敏感，防治鱼病和施放农药要注意。

(三) 鳜鱼

鳜鱼，通常指翘嘴鳜，属凶猛肉食性鱼类，以活鱼为食。翘嘴鳜生长快、个体大，肉质鲜美，且无肌间刺，深受消费者喜爱，市场价格一直较高。鳜鱼生长温度为 7~32℃，最适生长温度为 18~25℃。

鳜鱼池塘养殖可分为单养和套养，套养方式与加州鲈相似。鳜鱼专养一般选择 3~5 亩池塘进行养殖，水深控制在 1.5~2.5m，每亩配备一台 1kw 增氧机。配备专门的饵料鱼养殖池，鳜鱼专养池面积与饵料池面积为 1：（3~4）。鳜鱼苗种放养量，3~5cm 的夏花 1 500~2 000 尾/亩，5~10cm 鱼种 1 000~1 500 尾/亩，体长 10~20cm 鱼种500~1 000 尾/亩。鳜鱼以活鱼为食，饵料系数约为 4，日摄食率约为体重的 5%~12%，养殖的成功关键在于饵料鱼是否充足适口。

(四) 匙吻鲟

匙吻鲟，又名鸭嘴鱼，显著特点是吻呈扁平桨状，特别长。该鱼的体表光滑无鳞，背部黑蓝灰色，有一些斑点在其间，体侧有点状赭色，腹部白色。匙吻鲟原产于北美洲，水温 0~35℃ 均可生存，最适生长温度为 22~25℃。匙吻鲟以浮游动物、水蚯蚓为食，饵料来源十分广，生长速度快，当年的苗种可养殖至 1kg，匙吻鲟性情温和，不善于跳跃，生活习性与鳙鱼相似，拉网起捕率可达 90%以上。

匙吻鲟适合较大水体进行养殖，池塘以 5~10 亩为宜，水深控制在 2m 左右，匙吻鲟属于上层鱼类，经过人工驯食后可摄食人工配合饲料。匙吻鲟池塘养殖有套养和专养两种方式，实际生产中一般选择匙吻鲟替代鳙鱼套养与其他养殖池塘，主要利用匙吻鲟和鳙鱼食性类似，可对食物残渣进行清理，并调节养殖池塘水质。匙吻鲟专养一般每亩放养鱼种 800~1 000 尾，可搭配一定比例的白鲢，对养殖水体进行水质调节。

（五）黄鳝

黄鳝，又名鳝鱼，体细长呈蛇形，体长约 20~70cm，最长可达 1m。黄鳝常生活在稻田、小河、小溪、池塘、河渠、湖泊等淤泥质水底层，白天很少活动，夜间出穴觅食。黄鳝为凶猛肉食性鱼类，既能捕食水生昆虫，也能吞食蛙、蝌蚪和小鱼。

池塘养殖黄鳝一般采取在池塘中架设小网箱进行规模化养殖。养殖黄鳝的池塘一般选择水质良好，且无污染，水位落差不大的池塘，水深控制在 1.5~2.5m，池塘大小一般选择 3~8 亩的养殖池塘。养殖黄鳝的网箱选择聚乙烯网片制成的网箱，大小选择 3m×2m×1.2m，上沿高出池梗 0.5m，接头部分绞合紧密，防逃跑，四角用毛竹固定。加水后在网箱中移植水花生，供黄鳝遮阴、栖息，放养前 7 天用二氧化氯彻底消毒，浓度为 $1g/m^3$。苗种一般来自于正规黄鳝人工繁殖场或地笼捕捉的野生苗种，一般选择体色黄、体质健壮的鳝种，体表有伤，或肛门外翻的黄鳝苗种为劣质苗，一般每平方米可放养规格 10~15cm 的鳝种 1.5~2kg，同一箱中的鳝种规格要尽量整齐，放养时间在每年的 4—5 月，放养前，鳝种用 $20g/m^3$ 的聚维酮碘溶液浸浴 10 分钟左右。黄鳝下池 2~3 天后，即可开始驯食，开食饵料宜选择蚯蚓、蝇蛆，也可用小杂鱼、螺蚌肉开食，驯食第一天，每 50kg 黄鳝投喂 0.5kg 饵料，以后逐日增加，到第七天增至黄鳝总重量的 2%，黄鳝饵料采用蛆虫、蚯蚓、螺肉等加饲料组成。黄鳝生长旺季，投饵量增加到黄鳝体重的 6%~8%，每天傍晚投喂 1 次。网箱养殖黄鳝的池塘，可搭配一些鲢鱼、鳙鱼调控池塘水质。

（六）黄颡鱼

黄颡鱼，又名黄姑，是肉食性为主的杂食性鱼类，觅食活动一般在夜间进行。黄颡鱼属温水性鱼类，生存温度0~38℃，最佳生长温度25~28℃，水中溶氧在3mg/L以上时生长正常。目前，池塘养殖的黄颡鱼一般是经过人工选育的全雄黄颡鱼或者杂交黄颡鱼。

养殖黄颡鱼的池塘面积要求不严，可大可小，但水深应保持在1.5m以上，池底淤泥不宜过厚，以泥沙质底为佳。池塘要求排灌方便，水量充足。鱼种下池前用生石灰进行清塘消毒，每亩池塘用生石灰75~90kg，以彻底清除野杂鱼类和杀灭病原生物。池塘主养黄颡鱼，鱼种规格以10~15cm、体重15~35g为佳，每亩放2 500~5 000尾，并配养鲢、鳙鱼各100尾，用以调控水质。饵料日投喂量，全价配合饲料按鱼体重的1%~4%。选用市面常见的黄颡鱼配合人工饲料，饲料蛋白一般在38%以上。

套养黄颡鱼，每亩放50~100尾规格30g左右的鱼种，可获得10~15kg商品黄颡鱼。套养黄颡鱼的池中，不宜再配养其他凶猛的肉食性鱼类。

（七）罗非鱼

罗非鱼，是世界性淡水经济鱼类，我国主要养殖的品种有尼罗罗非鱼、奥利亚罗非鱼、莫桑比克罗非鱼以及各种组合的杂交罗非鱼。罗非鱼食性广泛，大多为植物性为主的杂食性，甚贪食，摄食量大；生长迅速，尤以幼鱼期生长更快。罗非鱼生长与温度有密切关系，生长温度16~38℃，适温22~35℃，是一种广盐性鱼类，海、淡水中皆可生存；耐低氧，一般栖息于水的下层，但随水温变化或鱼体大小改变栖息水层。

养殖场所宜选在避风向阳、水源充足、水质清新、无污染、安静且交通便利的地方，池塘面积3~5亩，水深为1.5~2m，池塘底泥厚度为20~30cm。每口池塘配备1台1.5kw的叶轮式增氧机。在鱼种放养前，要清塘消毒。一般在4月上中旬，每亩用生石灰75~100kg清塘，7天后加水至1m深。池塘主养一般每亩放养鱼种1 500~3 000尾，同时，混养鲢鱼、鳙鱼种各40~70尾，以控制水质；与其他鱼混养时每亩可放养200~500尾。罗非鱼养殖主要投喂颗粒饲料，饲料蛋白在30%左右，日投饵率为体重的3%~5%，每天投喂3次，由于罗非鱼属于热水鱼类，在湖南地区无法越冬，一般在11月中下旬开始捕捞上市，当年鱼苗经过1年养殖可达0.5~1kg/尾。

（八）虾蟹类

淡水养虾的主要品种有罗氏沼虾、青虾、克氏原螯虾等，近年来，南美白对虾也逐步实现了淡水养殖。蟹类主要养殖品种为河蟹。

罗氏沼虾，原产东南亚，是一种生长快、食性广、肉质好、能适应淡水生长大型经济虾。池塘养殖虾体多呈灰黄色，不耐低温，生长适宜水温为20~34℃，对水体溶氧量要求较高。罗氏沼虾为杂食性偏肉食性，人工饲料要求粗蛋白含量37%~38%。虾池面积1~3亩，水深1~1.5m。虾苗放养前用生石灰或漂白粉彻底清塘消毒，池中应放置树枝、网片、瓦块等，并种植水草，供虾苗附着。罗氏沼虾对水质的要求较高，因而要加强水质的调节、控制。

青虾，学名为沼虾，主要分布于淡水水域中，具有繁殖力高，适应性强，食性广，肉味鲜美，可常年上市等优点。青虾属杂食性水产动物，偏食动物性饲料，人工养殖以商品饲料喂养为主，其最适生长水温为18~30℃，当水温下降到4℃时进入越冬期，当水温升到10℃以上时活力加强，摄食逐步加强。青虾通常栖息在水草丛中，因而虾池中必须种植适量水草或设置人工虾巢。青虾在水温上升到14℃左右时开始摄食，4—10月摄食强度最大，12月低温期进入越冬阶段，很少摄食。池塘养殖青虾

一般选择网箱养殖，用聚乙烯网布缝制而成，网箱规格可为10~60m^2，以30~40m^2，网目20~30目为宜。在放养青虾后，每箱内放养3~5m^2的水葫芦、浮萍等水草，用绳索集成条状按网箱纵向排列，不能贴网壁，以防青虾以水草作梯沿箱壁攀逃。青虾养殖1年可养二茬。第一批为春季养殖，通常在3月中旬放养越冬虾苗，放养规格为1 000~2 000尾/kg的幼虾，放养密度为400尾/m^2；第二批在7月底以前、第一批青虾起捕后进行夏秋季养殖，放养当年繁殖的幼虾，放养规格一般为3 000~5 000尾/kg，放养密度为500尾/m^2。幼虾不能堆压，离水时间不能超过5分钟，同一网箱中放养的幼虾应规格一致，选择在阴天或晴天的早晨、傍晚一次放足。

克氏原螯虾，又称小龙虾，是淡水经济虾类，因肉味鲜美广受人们欢迎。因其杂食性、生长速度快、适应能力强而在当地生态环境中形成绝对的竞争优势。近年来，随着稻田综合种养的发展，小龙虾成为内陆淡水养殖的主要虾类品种，小龙虾养殖方式主要为稻田综合种养，池塘养殖较少，池塘养殖每亩投放幼虾1万~1.5万尾，定期泼洒生石灰增加水体中钙的含量，增加夜间饲料投喂量，以配合饲料为主。

河蟹，学名中华绒螯蟹，属名贵淡水产品，味道鲜美，营养丰富，具有很高的经济价值。河蟹喜欢栖居在江河、湖泊的泥岸或滩涂的洞穴里，或隐匿在石砾和水草丛里。河蟹食性很杂，在自然条件下以食水草、腐殖质为主，嗜食动物尸体，也喜食螺、蚌子、蠕虫、昆虫，偶尔也捕食小鱼、虾，食物匮乏时也会同类相残。河蟹养殖池塘选择水源充足，进排水方便，水质良好无污染，选择黏土、沙土或亚砂土，通气性好，有利于水草和底栖昆虫、螺蚌、水蚯蚓等生长繁殖，老池塘要彻底清淤，淤泥不超过20cm为好，池塘面积不宜太小。池塘水深常年保持在0.6~1.5m，各处水深不一，最浅处10cm，池中可造数个略高出水面的土墩，即蟹岛，岛上可移植水生植物，池塘不要太陡，坡比一般在 1：1.5 以下。养殖河蟹产量的高低取决于水域内水草和底栖生物量，适宜养殖河蟹的水草有满江红、水葫芦、水浮莲、轮叶黑藻、金鱼藻、苦草、水花生等，移植时注意消毒防害。一般在放苗前半个月用生石灰清塘消毒，透明度保持在 40~50cm 为宜。从外地购回的苗种应先在水中浸泡 2~3 分钟，取出 10 分钟，如此重复 2~3 次，待幼蟹逐步吸足水分和适应水温后，放入池中，可以提高成活率。大多以混养为主，特别是鱼虾蟹混养，经济效益会更高。密度可控制在 1 500 只/亩以内，规格 120~150 只/kg 的扣蟹。

（九）中华鳖

中华鳖，又名水鱼、甲鱼、团鱼，是常见的养殖种。中华鳖为水栖性，常栖息于沙泥底质的淡水水域。有上岸进行日光浴的习性。肉食性，以鱼、虾、软体动物等为主食，多夜间觅食。

中华鳖的池塘养殖模式主要有鱼鳖混养、池塘专养。常规养鱼池加防逃设施后均可进行中华鳖养殖，防逃设施要求牢固且表面光滑。养殖池面积 5~10 亩、水深以 1.5~2m 为宜，池底淤泥 10~30cm，四周沿着防逃围栏留 30~50cm 宽的空地供鳖进行吃食、晒背等活动。池塘专养模式放养幼鳖规格为 200g/只以上，放养密度 500~800 只/亩，鱼鳖混养模式套养规格为 200g/只以上的幼鳖 100~200 只/亩。养殖生产期间保持水位稳定、水质清新，水体消毒及水质调节均以泼洒生石灰为主要方式，定期全池泼洒微生物制剂；越冬期间保持水深不低于 1.5m；当春季水温稳定到 15℃时，应及时投喂配合饲料及鲜活饵料。

（十）大宗淡水鱼

大宗淡水鱼类包括青鱼、草鱼、鲢鱼、鳙鱼、鲤鱼、鲫鱼和鳊鱼 7 个种类，是我国传统养殖中占比例最高的品种。其中，鲢鱼、鳙鱼属于滤食性鱼类，池塘养殖中常用来套养以调节水质，

清除食物残渣，鲤鱼、鲫鱼为底层鱼类，可用来清除沉底的饲料残渣。目前鲤鱼、鲫鱼经过长期的选育开发出多种品种，如异育银鲫“中科 3 号”“中科 5 号”，芙蓉鲤鲫，鲤鱼则有福瑞鲤、散鳞镜鲤和适合稻田养殖的呆鲤等，华中农业大学联合海大集团选育出“华海 1 号”等，青鱼在自然状态下以螺、蚬等软体动物为食，可用于控制水体中螺蚌过量繁殖。

二、主要养殖鱼类之间的关系

（一）鲢鱼与鳙鱼

鲢鱼与鳙鱼都以浮游生物为食，但其饵料也有相对不同，鲢鱼更喜食浮游植物，而鳙鱼则喜食浮游动物。在施肥与投喂饲料的池塘中，由于鲢鱼的抢食能力强于鳙鱼，会抑制鳙鱼的生长。此外，一般养殖池塘里浮游植物的数量远多于浮游动物，因此，混养中鲢鱼的放样量要大于鳙鱼的放养量，长江流域的鲢鳙比为（3~5）：1。

（二）鲢鱼、鳙鱼与其他吃食性鱼类

目前大部门养殖品种（鲢鳙鱼除外）均适用人工配合饲料养殖，被称为“吃食鱼”，它们的粪便和残饵形成了腐屑食物链和牧食链给了鲢鳙很好的饵料基础，因此，鲢鳙被称为“肥水鱼”。养殖“吃食鱼”的池塘套养“肥水鱼”可以防止水质过肥，给“吃食鱼”创造良好的生活环境，而在投喂精饲料的情况下，由于部分残饵不能被充分利用，沉积到池底，一般养殖池塘套养一定比例的鲢鱼、鳙鱼。

（三）鲢鱼、鳙鱼与肉食性鱼类

部分凶猛肉食性鱼类无法实现全人工配合饲料养殖，如鳜鱼、黄鳝。因此，养殖凶猛肉食性鱼类须采用活鱼或其他动物性饵料配合人工饲料进行养殖，为了维持饵料鱼的生存，该养殖塘会适当投喂部分人工精饲料，因此，这些养殖池塘需套养部分鲢

鱼、鳙鱼调节池塘水质，防止水质过肥，影响主养鱼类的生长，防止疾病爆发，但套养鲢鱼、鳙鱼规格应是主养肉食性鱼类规格的3倍以上。

（四）吃食性鱼类与肉食性鱼类

池塘主养吃食性鱼类，开展全人工配合饲料精养，除套养部分鲢鳙鱼净化水质外，还可适当套养部分小规格凶猛肉食性鱼类，如鳜鱼、鳡鱼、鳢鱼、加州鲈鱼等，这些肉食性鱼类可以清除池塘中的野杂鱼和体质较弱的鱼类，减少养殖饲料投入，降低养殖成本，增加经济鱼类产出，提升养殖经济效益。

三、主养鱼类和套养鱼类的确定

主养鱼类是指池塘主要的养殖鱼类，不仅在养殖量占优势，而且在投饵方面也以主养鱼为主。套养鱼是指与主养鱼栖息在不同水层或者能充分利用主养鱼类剩下的残饵，在养殖地位处于配角的鱼类。一般根据以下因素确定主养鱼和套养鱼：①市场需求。根据市场价格与销路来确定养殖鱼的种类、养殖规格以及养殖时间。②池塘条件。水质清新，周边适合种植水草，或适合架设网箱，则可选择养殖河蟹、小龙虾，若水质较肥，则适合养殖鲢鱼、鳙鱼、匙吻鲟或罗非鱼等，若饵料鱼来源方便则适合养殖一些凶猛肉食性鱼类（鳜鱼、鳡鱼、鳢鱼）。③苗种来源。苗种来源方便是选择的重要因素之一。

四、混养模式遵循的原则

尽管各种混养模式都是根据当地的具体情况而形成的，但是他们还有一些共同点和普遍规律，有些必须遵循的原则：①充分利用饵料。在亩产500~1 000 kg的池塘，“肥水鱼”和“吃食鱼”的比例保持在40%：60%为宜。②保持鲢鱼、鳙鱼合理比例。鲢鱼、鳙鱼的净产量不会随“吃食鱼”产量的增加而上升，

一般鲢鱼、鳙鱼的亩产为250~350kg，传统养殖方式认为鲢鱼、鳙鱼比例为3∶1，随着养殖技术的进步，鲢鱼市场价格较低，养殖经济效益较差，鳙鱼比例有所提高，也有部分养殖户选择使用匙吻鲟替代鳙鱼套养以净化水质。③保持中上底层鱼类合理比例。一般上层鱼占池塘鱼类中比例的40%~50%，中层鱼占30%~35%，底层鱼占25%~30%。④老口小规格，仔口大规格。采用“老口小规格，仔口大规格”的放养方式，可减少放养量，发挥鱼种的生产潜力，缩短养殖周期，增加鱼产量。⑤增加名优鱼类的放养量。增加名优鱼类比例，可提高经济效益，实现水产养殖的提质增效。⑥合理增加混养鱼类。养殖吃食性鱼类的同时，混养滤食性鱼类可调节养殖水质，混养小规格肉食性鱼类可清除野杂鱼和体质较弱的养殖鱼类，减少疾病。

五、养殖模式选择

水产养殖转方式调结构，要大力推广综合种养、多营养层次养殖、复合人工湿地+池塘循环水养殖为代表的生态环保养殖技术模式，以解决水产养殖发展中存在的一系列不平衡、不协调、不可持续的问题。池塘生态养殖模式主要类型有：鱼菜共生种养结合模式、多营养层次养殖模式、人工湿地生态净水循环养殖模式及池塘工程化循环水养殖模式。

（一）鱼菜共生种养结合养殖模式

鱼菜共生是一种新型的复合耕作体系，它把水产养殖与水耕栽培这两种原本完全不同的农耕技术，通过巧妙的生态设计，达到科学的协同共生，从而实现养鱼不换水而无水质忧患，种菜不施肥而正常成长的生态共生效应。

在传统的水产养殖中，随着鱼的排泄物积累，水体的氨氮增加，毒性逐步增大。而在鱼菜共生系统中，水产养殖的水被输送到水培栽培系统，由细菌将水中的氨氮分解成亚硝酸盐然后被硝化细菌分解成硝酸盐，硝酸盐可以直接被植物作为营养吸收利用。鱼菜共生让动物、植物、微生物三者之间达到一种和谐的生态平衡关系，是可持续循环型零排放的低碳生产模式，也是解决农业生态危机的有效方法。目前主要的鱼菜共生养殖模式有4种。

1. 直接漂浮法

用泡沫板等浮体，直接把蔬菜苗固定在漂浮的定植板上进行水培；这种方式虽然简单，但利用率不高，而且一些杂食性的鱼会有吃食根系的问题存在，需对根系进行围筛网保护，较为繁琐，而且可栽培的面积小，效率不高，鱼的密度也不宜过大。

2. 与种植系统分离

两者之间通过砾石硝化滤床设计连接，养殖排放的废水先经由硝化滤床或（槽）的过滤，硝化床上通常可以栽培一些生物量较大的瓜果植物，以加快有机滤物的分解硝化。经由硝化床过滤而相对清洁的水再循环入水培蔬菜或雾培蔬菜生产系统作为营养液，用水循环或喷雾的方式供给蔬菜根系吸收，经由蔬菜吸收后又再次返回养殖池，以形成闭路循环。这种模式可用于大规模生产，效率高，系统稳定。

3. 养殖水体直接与基质栽培的灌溉系统连接

养殖区排放的废液直接以滴灌的方式循环至基质槽或者栽培容器，经由栽培基质过滤后，又把废水收集返回养殖水体，这种模式设计更为简单，用灌溉管直接连接种植槽或容器形成循环即可。大多用于瓜果等较为高大植物的基质栽培，需注意的地方是，栽培基质必须选质豌豆状大小的石砾或者陶粒，这些基质滤化效果好，不会出现过滤超载而影响水循环，不宜用普通无土栽培的珍珠岩、蛭石或废菌糠基质，这些基质因排水不好而容易导致系统的生态平衡破坏。

4. 水生蔬菜系统

这种方式如同稻鱼共作系统，不同之处在于养殖与种植分离式共生，即于栽培田块铺上防水布，返填回淤泥或土壤，然后灌水，构建水生蔬菜种植床。把养殖池的水直接排放农田，再从另一端返还回流至养殖池，这样废水在防水布铺设下无渗漏，而水生蔬菜又能充分滤化废液，同样达到良好的生物过滤作用，有点类似自然的沼泽湿地系统。如茭白与鱼共生、水芋慈姑等水生蔬菜的共生，都可以采用该系统设计。

鱼菜共生系统中一般选择种植经济蔬菜，如空心菜、水芹菜、竹叶菜和水芋慈姑等，一般根据鱼菜共生的种养殖基本情况选择种植品种，空心菜、茭白和水芋慈姑一般选择较多，空心菜生长速度快，产量大，对池塘水质净化效果极佳，茭白和水芋慈姑由于本身就是水生植物。

鱼菜共生养殖系统一般有以下优点：①降低农药和渔药的施用，鱼菜共生系统中有鱼存在，任何农药都不能使用，稍有不慎会造成鱼和有益微生物种群的死亡和系统的崩溃；②鱼菜共生脱离土壤栽培，避免了土壤的重金属污染，因此，鱼菜共生系统蔬菜和水产品的重金属残留都远低于传统土壤栽培；③通过种植净化养殖水体的水质，降低了养殖鱼类暴发疾病的风险，减少养殖渔药的投入，同时也减少了种植中肥料的投入；④鱼菜共生系统，使得养殖水面产出经济鱼类的同时，能产出经济作物，实现了生态效益、经济效益和社会效益的整体提升。

（二）多营养层次养殖模式

池塘多营养层次养殖（图 2-1），即在充分利用空间的同时，基于水质调控、生态位互补、营养物质循环利用、生物防病、质量安全控制、减少废物排放等，建立的生态调控健康养殖模式。淡水池塘多营养层次综合养殖模式，主要采用“滤食性鱼类-吃食性鱼类、鱼-虾-鳖”等，搭配形成“鱼-鳖、青虾-河蟹、鲢鳙鱼-名优鱼类”等模式。

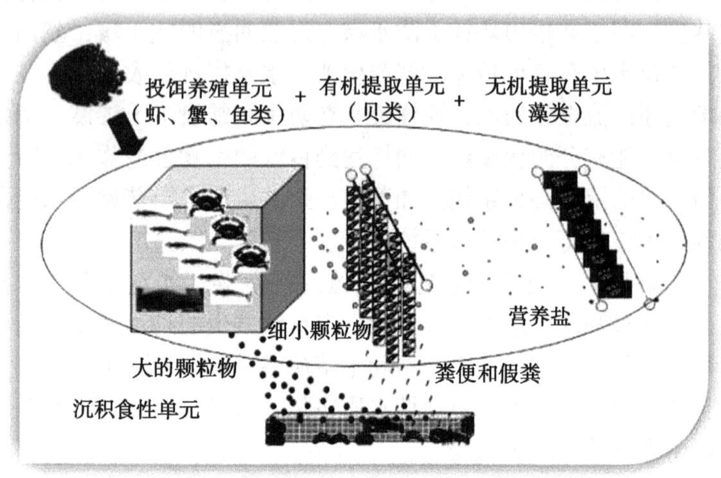

图 2-1　多营养层次养殖模式

1. 以河蟹为主养的淡水池塘多营养层次养殖模式特点

（1）植物是多营养层次综合养殖的基础。虽然虾蟹养殖是典型的投饵养殖，但水草仍然有着重要的作用。一是可以净化水质，营造良好的生态环境，水草能通过光合作用释放大量的氧气，同时，从水体中吸收氨氮等有害物质，保持良好的池塘水质；二是能为虾蟹提供植物性饲料，池塘中的水草可作为虾蟹饵料，有较好的适口性，据报道，以伊乐藻为主要水草能节约精养饲料 30%左右；三是可以为虾蟹提供活动和隐蔽场所；四是能够在一定程度上提高虾蟹的品质。

（2）虾蟹对养殖空间与饵料的充分利用。青虾是对河蟹养殖的重要补充。青虾一年可生产两季，生长迅速且市场价格高，有效地缓解了单养河蟹的风险，一般青虾产值可抵消养殖成本，河蟹养殖产值则全部转化为养殖利润。按照实际生产，每亩放养

青虾15~25kg，可以确保不占用河蟹的养殖空间，而且青虾的养殖期间规格不一，可以充分有效利用不同规格饵料，这对充分利用河蟹残饵与水中饵料碎屑有很大帮助。

（3）螺蛳的作用。虽然螺蛳在虾蟹养殖中被当做动物性饵料而摄食，但是它们从被投入池塘到繁殖小螺蛳再到被虾蟹摄食的整个过程对养殖生产发挥了积极作用。首先，螺蛳可以摄食虾蟹残留的食物以及池塘中的微生物，可以起到清理养殖池塘、促进虾蟹生活环境改善的作用。其次，螺蛳投入后很快进入繁殖期，小螺蛳的出现对虾蟹摄食动物性饵料有一定的引导作用。

（4）鲢鱼、鳙鱼对整体生态系统的补充。在目前的虾蟹养殖池塘中，多以鲢鱼、鳙鱼作为生态系统的补充，鲢鱼可以滤食池塘中多余的浮游植物与饵料碎屑，鳙鱼可以利用池塘中的腐殖质。

2. 鱼–鳖混养的淡水池塘多营养层次养殖模式特点

（1）鳖对池塘上下层水体交换的促进。鳖的生理生活特性导致了它多往返于水体表面和水体下层，可使表层水与底层水的溶氧得到交流而促使上下层水溶氧均衡。

（2）鱼与鳖的食物链互补。鳖的粪便及有机碎屑为滤食性鱼类（鲢鱼、鳙鱼等）提供大量营养，使得鱼鳖混养池的鲢鱼、鳙鱼长速显著快于单一养鱼池的鲢鱼、鳙鱼；鱼类粪便及吃食性鱼类（青鱼、草鱼、鲤鱼、鲫鱼等）的高蛋白残饵进入水体，以直接或通过浮游生物间接转化的方式促进螺、蚌生长，后者正是鳖的优质饵料。

（3）鳖对弱鱼的淘汰行为。鳖的活动迟缓，远不如鱼类迅捷灵敏，所以，鳖只能吃掉行动迟缓的病鱼或伤鱼，无法吃掉正常鱼类，从而减少了鱼群暴发病害的概率及为害。

（三）人工湿地生态净水循环养殖模式

人工湿地生态净水循环养殖模式是将生态池塘与人工湿地结

合起来的一种养殖模式，池塘生态修复一般分为原位修复和异位修复，原位修复是指在养殖池塘种植经济作物对池塘养殖用水进行净化处理，即鱼菜共生养殖模式，异位修复则是通过水泵将池塘养殖和人造湿地连接，通过人工湿地对池塘养殖用水进行修复后再次循环如养殖池塘，实现池塘生态健康养殖。

人工湿地生态净水循环养殖系统（图 2-2）通过对养殖场进行池塘改造及进排水系统等基础设施建设，以营造湿地、修复池塘生态环境为主线，运用生物学、微生物学、工程学和水处理等综合技术，采用水生植物净水法，底栖动物净水法，滤食性鱼类净水法，沉淀过滤法及微生物制剂净化法等多级生态修复技术，实现池塘养殖水体循环利用，减轻养殖生产对周围水源的依赖，同时，避免了养殖过程中尾水排放对环境的污染。

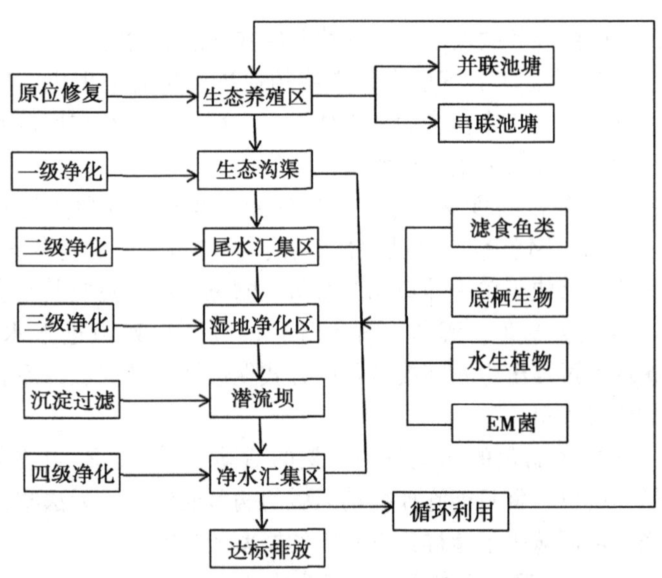

图 2-2　人工湿地生态净水循环养殖系统

1. 生态养殖区

生态养殖区一般为单一池塘或者通过串联或并联起来的多个生态养殖池塘，池塘串联结构的过水管道呈“Z”字排列，相邻池塘过水管道的进水端位于上层，出水端位于池塘底部，以便于两个池塘间上下水层交换。生态养殖区应完善进排水设施、定期开展池塘清淤，配建沟渠涵闸，修善池埂护坡，改进投饵及增氧设施，提高饲料利用率。采用“原位修复”手段，调整养殖结构，合理放养数量，栽种水生经济植物，定期施用微生态制剂，调节养殖区水生态结构，提高池塘自我修复能力。

2. 尾水汇集区

尾水汇集区用于整个循环系统养殖尾水的收纳汇集，一般池深较深，汇集来的尾水中富含大量的浮游生物及有机碎屑，可在其中投放白鲢、花鲢、匙吻鲟等滤食性鱼类，每亩放鱼种 150 kg。滤食性动物以外界进入体内的水流带来的食物为营养，利用滤食性生物净化水质。此区域放养滤食性鱼类考虑到其活动能力强，滤食量大，能快速消耗水体中的过剩的藻类等浮游生物，从而降低水体的氮、磷总含量，达到水体修复的目的，同时，像匙吻鲟等经济价值较高，可以实现“以鱼控藻、以鱼减污、以鱼养水、变废为宝”的目的。

3. 湿地净化区

湿地净化区是一个综合的生态系统，由人工建造和控制运行的与沼泽等类似的水面，它应用生态系统中物种共生、物质循环再生原理，在促进废水中污染物质良性循环的前提下，获得尾水处理与资源化的最佳效益。湿地净化区基本结构是：表层净化区，位于湿地上游，占净化区总面积的 15%。挺水植物、浮水或浮叶水生植物各半，挺水植物有荷花、芦苇、菖蒲、茭白等，浮水或浮叶水生植物菱、睡莲、芡实、浮萍、水蕹菜等。中层净化区，位于湿地下游，占净化区总面积的 60%。种植沉水植物，种类有苦草、轮叶黑藻、伊乐藻、黄丝草、菹草等。底层净化区，位于净化塘中游，占净化区总面积的40%。放养蚌类和螺类，每亩放养河蚌、螺蛳各500kg。

4. 生态沟渠

生态沟渠是利用进排水渠道构建的一种生态净化系统，由多种动植物组成，具有净化水体和生产功能。生态沟渠工程主要包括沟渠渠体、生态拦截坝、拦水节制闸坝及透水坝设计，生态沟渠能减缓流速，促进颗粒物质的沉淀，有利于构建植物对沟壁、水体和沟底溢出营养物的立体吸收和拦截。生态沟渠的生物布置方式一般是在渠道底部种植沉水植物、放养贝类等，在渠道周边种植挺水植物，在开阔水面放置生物浮床、种植浮水植物，在水体中放养滤食性、杂食性水生动物。在渠壁和浅水区布置生物填料如立体生物填料、人工水草、生物刷、聚乙烯网格基质等，增殖或人工接种EM菌以及着生藻类（如毛枝藻、鞘藻、丝藻、水棉、水网藻和舟形藻等），可对水体进行净化复氧处理。固着在基质上的EM菌和藻类不仅吸收水中氮磷等营养物质，而且释放大量氧气，使尾水溶氧偏低的状况得到显著改善，生态沟渠能起到氮磷拦截的效果，大中型水产养殖场可根据需要因地制宜，等高开沟，保证水流平缓，延长滞留时间，提高拦截效果，提高净化效果。

5. 潜流坝及净水汇集区

潜流坝建造的目的，一方面将湿地净化区和净水汇集区水面分割成2块以便于管理；另一方面使水体中悬浮物等得到过滤。潜流坝总体像一座廊道，坝主体用多孔红砖竖立砌成，两边堆积麦饭石和活性炭等吸附材料，使水体中各种碎屑、有机化合物、病毒、有害微生物、重金属、臭味以及色素等进一步过滤掉。像麦饭石对大肠杆菌的吸附率较大。净水汇集区用来汇集净化处理过的水，为养殖池塘提供清洁水源，汇集区池深较深，通过管道

来调节取水部位，当春季、秋季气温较低时，取水口可以移至水体的表层，以提高供水水温。夏季的取水口可以移至水体的中层，以降低供水水温，始终保持给养殖池塘提供良好的水质和较适宜的水温。

净化湿地在整个循环水养殖系统中起着至关重要的作用，其决定了整个循环系统对养殖尾水污染物降解吸收的效能。净化湿地的建造面积直接决定了循环水的处理效果，系统内人工湿地等净化面积占养殖面积的比例：一般吃食鱼养殖（每亩净产 400kg）为 30%~35%，虾蟹养殖（每亩净产 100kg）为 8%~10%。多级人工湿地养殖系统是一个整体结构合理，功能协调，资源再生能力强，环境改善作用大，经济、社会、生态效益好的池塘循环水生态养殖模式或系统。该系统使池塘养殖从“封闭净水”变为“循环流水”，水环境调控从“原位修复”转变为“异位修复”，最终实现养殖尾水达标排放，养殖环境友好健康，养殖产品安全可控，养殖效益稳步提升的现代生态渔业可持续发展之路。

第二节　池塘环境条件与设施设备

池塘是养殖鱼的栖息、生长、繁殖的环境，许多增产措施都是通过池塘水环境作用于鱼类的，故池塘环境的优劣，直接关系到鱼产量的高低。池塘环境条件包括池塘形状、面积、水深、底质、水质、水温、pH 值等。在可能的条件下，应采取措施，改造池塘，配套完善的水产养殖设施，创造适宜的环境条件以提高池塘鱼产量。

一、环境条件

（一）水源水质

池塘应有良好的水源条件，以便于经常加注新水。池塘水源以无污染的河、湖水为好，这种水溶氧高，水质良好，适宜于鱼类的生长。因此，鱼池最好靠近河边或湖边。井水可以作为养殖水源，但其水温和溶氧均较低，入池前须经过曝气。池塘养殖水质指标应符合《无公害食品淡水养殖用水水质（NY 5051—2001）》标准。

（二）水温

温度是鱼类最重要的环境条件之一。养殖水体的温度随气温的变化而变化，因此，水温具有明显的季节和昼夜差异。水温直接影响鱼类的新陈代谢强度，从而影响鱼类的摄食和生长。各种鱼类均有其适宜的温度范围，一般在适温范围内，随着水温的升高，鱼类的代谢相应加强，其摄食量增加，生长也加快。同时，水中各种饵料生物都得以加速繁殖，水体的物质循环强度也随之提高。我国的地理位置决定了养殖水域是以温水性鱼类为主体，其适宜生长温度为20~35℃。

（三）pH 值

pH 值是指水中的氢离子浓度。pH 值对养殖水体的水质、水生植物、水生生物和鱼类有重要影响。pH 值过低，即在酸性的水环境中，细菌、大多数藻类和浮游动物的发育受到影响，硝化过程被抑制，光合作用减弱，水体物质循环强度下降。酸性水还会使鱼类血液的 pH 值下降，减低其载氧能力，使血液中的氧分压降低，尽管水中含氧量较高，鱼也会浮头。在酸性水中养殖的鱼类不爱活动、畏缩，新陈代谢低落，摄食量少，消化率低，生长受到抑制。pH 值过高（如大于 10），鱼类生长也会受到抑制。一般养殖大水体的 pH 值相对较稳定，如海水的 pH 值往往稳定在 8~8.2；而像池塘等小水体，因浮游植物光合作用引起 pH 值的周期性升高，鱼类对此有较大的适应能力。主要养殖鱼类一般适合中性偏碱性水体进行规模化养殖，pH 值一般为 7~7.5 为宜。

（四）溶氧

氧气是鱼类赖以生存的首要条件。我国渔业水质标准规定，一昼夜16小时以上溶氧必须大于5mg/L，其余任何时候的溶氧不得低于3mg/L。对于湖泊、水库、河流以及粗养的鱼池等水体，一般不存在缺氧问题。但对于精养池塘，由于放养密度较高，有机物（生物、残饵、粪便等）耗氧量大，溶氧供不应求，因此，必须通过换水、机械增氧等方法加以补充。我国主要养殖鱼类对低氧的忍耐能力很强，一般溶氧下降到1.5mg/L左右才浮头，至0.7～1.2mg/L以下则开始窒息死亡。改善池塘溶氧条件应从增加溶氧和降低池塘有机物耗氧两个方面着手，采取以下措施。

增加池塘水体溶氧：①保持池面良好的日照和通风条件；②适当扩大池塘面积，以增大空气和水的接触面积；③通过使用微生物制剂，调节水质，促进浮游植物生长；④及时加注新水，以增加池水透明度和补偿深度；⑤合理使用增氧机，特别是应抓住每一个晴天，在中午将上层过饱和氧气输送至下层，以保持溶氧平衡。

降低池塘有机物耗氧：①根据季节、天气合理投饵，防止鱼类浮头；②根据鱼类生长，及时轮捕出一部分达到商品规格的成鱼，以降低池塘载鱼量；③每年需清除含有大量有机物的塘泥。

（五）浮游生物

池塘水体中的浮游生物包括浮游植物和浮游动物两大类群，其中，以浮游植物为主。一般精养池塘中的浮游植物主要包括蓝、隐、甲、金、黄、硅、裸、绿藻等8个门的种类。根据优势种群的不同，养殖池塘可分为两种类型，以隐藻为代表的鞭毛藻类鱼塘和蓝藻长期占优势的蓝藻塘。绿、硅、裸、金藻塘在一般鱼池仅短期出现，第一种塘为水质管理得好，物质循环良好的传统肥水的代表；蓝藻塘通常为管理欠佳，物质循环不良的老水。

我国高产鱼池浮游动物生物量大多数在10~20mg/L，组成上轮虫占绝对优势，原生动物次之，枝角类，桡足类都较少。

二、池塘标准化改造与建设

池塘是养殖场的主体部分。按照养殖功能分，有亲鱼池、鱼苗池、鱼种池和成鱼池等。池塘面积一般占养殖场面积的65%~75%。各类池塘所占的比例一般按照养殖模式、养殖特点、品种等来确定。

（一）池塘面积与水深

池塘的面积取决于养殖模式、品种、池塘类型、结构等。饲养食用鱼的池塘面积应较大，鱼的活动范围广，受风力的作用也较大，风力不仅可以增加溶氧，而且可使池塘上下水层混合，改善下层水的溶氧条件。此外水体大，水质稳定，不易突变，因此，鱼谚有"宽水养大鱼"的说法。但是面积过大，管理不便，投饵不匀，水质难控制，夏季捕鱼时，一网起捕过多，分拣费时，操作困难，稍一疏忽，容易造成鱼的死伤。面积较小的池塘建设成本高，便于操作，但水面小，风力增氧、水层交换差。主要鱼类养殖池塘按养殖功能不同，其面积不同，成鱼池一般5~30亩，鱼种池一般3~5亩，鱼苗池一般1~3亩。

池塘水深是指池底至水面的垂直距离，池深是指池底至池堤顶的垂直距离。养鱼池塘有效水深不低于1.5m，一般成鱼池的深度在2.5~3.0m，鱼种池在2.0~2.5m（表2-1）。池埂顶面一般要高出池中水面0.5m左右。水源季节性变化较大的地区，在设计建造池塘时应适当考虑加深池塘，维持水源缺水时池塘有足够水量。深水池塘一般是指水深超过3.0m以上的池塘，深水池塘可以增加单位面积的产量，节约土地，但需要解决水层交换、增氧等问题。

表 2-1　不同类型池塘规格参照表

项目 类型	面积（亩）	池深（m）	长：宽	备注
鱼苗池	1~3	1.5~2.0	2：1	可兼作鱼种池
鱼种池	3~5	2.0~2.5	（2~3）：1	
成鱼池	5~30	2.5~3.5	（2~4）：1	
亲鱼池	3~10	2.5~3.5	（2~3）：1	应接近产卵池

（二）池塘形状与方向

池塘形状主要取决于地形、品种等要求。一般为长方形，长宽比一般为（2~4）：1。池塘的朝向应结合场地的地形、水文、风向等因素，尽量使池面充分接受阳光照射，有利于塘中浮游生物（天然饵料）的光合作用，减少细菌和有害微生物的生长繁殖。池塘朝向也要考虑是否有利于风力搅动水面，增加溶氧。在山区建造养殖场，应根据地形选择背山向阳的位置。池塘底部要平坦，为了方便池塘排水、水体交换和捕鱼，池底应有相应的坡度，向排水口一侧倾斜，这样在排水干池时，鱼和水都集中在最深处，排水捕鱼十分方便，池塘淤泥也集中在最深处容易清除。在较大的长方形池塘内坡上，为了投饵和拉网方便，一般应修建一条宽度约 0.5m 平台，平台应高出水面（图 2-3）。

（三）池埂与护坡

池埂是池塘的轮廓基础，池埂结构对于维持池塘的形状、方便生产以及提高养殖效果等有很大的影响。池塘塘埂一般用匀质土筑成，埂顶的宽度应满足拉网、交通等需要，一般在 1.5~4.5m。池埂的坡度大小取决于池塘土质、池深、护坡和养殖方式等。一般池塘的坡比为 1：（1.5~3），若池塘的土质是重壤土或黏土，可根据土质状况及护坡工艺适当调整坡比，池塘较浅时坡比可以为 1：（1~1.5）（图 2-4）。护坡具有保护池形结构和

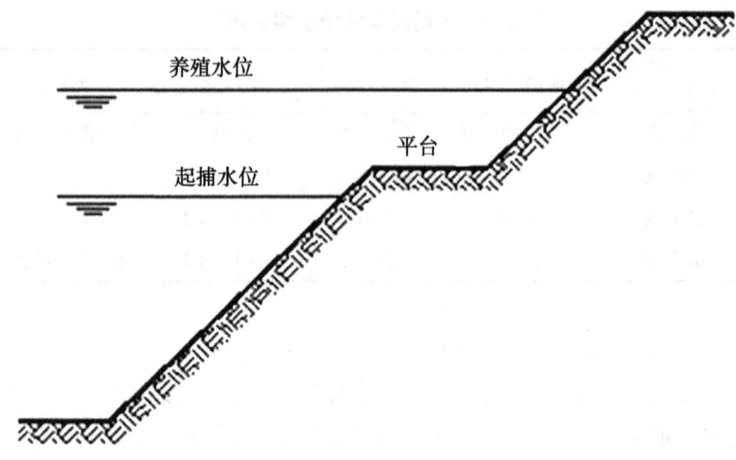

图 2-3　池塘内坡平台示意图

塘埂的作用，一般根据池塘条件不同，池塘进排水等易受水流冲击的部位应采取护坡措施。目前，水泥预制板护坡、生态护坡是常见的池塘护坡方式。

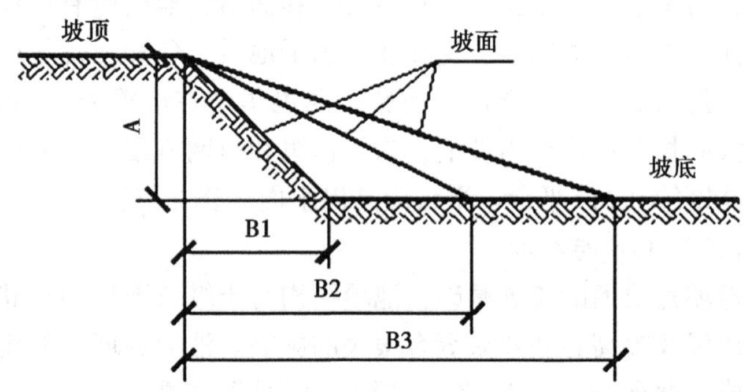

坡比：A：B1=1：1
A：B2=1：2
A：B3=1：3

图 2-4　池塘护坡坡比示意图

（四）池塘整治与清淤

良好的池塘条件是获得高产、优质、高效的关键之一。目前我国对高产稳产鱼池的要求是：①面积适中，一般养鱼水面以10亩左右为佳。②水较深，一般在2.5m左右。③有良好的水源和水质，注排水方便。④池形整齐，堤埂较高较宽，大水不淹，天旱不漏，旱涝保收。此外池底最好呈“龟背形”或“倾斜形”，池塘饲养管理方便，并有一定的青饲料种植面积。如鱼池达不到上述要求，就应加以改造，改造标准是：小池改大池；浅池改深池；死水改活水；低埂改高埂；窄埂改宽埂。

对于新开鱼池，可在池中投放绿肥，采用沤肥的方法尽快制造淤泥，使淤泥中的腐殖质镶嵌在土壤间隙中，并覆盖在土壤上，使其与原来的土质基本隔绝，就可以起供肥、保肥和调肥的作用。

池塘经一年的养鱼后，底部沉积了大量淤泥（一般每年沉积10cm左右）。故应在干池捕鱼后，将池底周围的淤泥挖起放在堤埂和堤埂的斜坡上，待稍干时应贴在堤埂斜坡上，拍打紧实，然后立即移栽黑麦草或青菜等，作为鱼类的青饲料。这样既能改善池塘条件，增大蓄水量，又能为青饲料的种植提供优质肥料，也由于草根的固泥护坡作用，减轻池坡和堤埂的崩塌。整塘后，再用药物清塘。

三、配套设施

（一）增氧设备

溶氧是水产养殖的限制性因子。养殖过程中，一般放养密度较大，对水体溶解氧要求较高。因此，根据养殖规模和密度，应配备足够数量的增氧设施。尤其在高密度养殖情况下，增氧机对于提高养殖产量，增加养殖效益发挥着更大的作用。

常用的增氧设备包括叶轮式增氧机、水车式增氧机、射流式增氧机、吸入式增氧机、涡流式增氧机、增氧泵、微孔曝气装置等。随着养殖需求和增氧机技术的不断提高，许多新型的增氧机不断出现，如涌喷式增氧机、喷雾式增氧机等。

（二）投饲设备

投饲设备是利用机械、电子、自动控制等原理制成的饲料投喂设备。投饲机具有提高投饲质量、节省时间、节省人力等特点，已成为水产养殖场重要的养殖设备。目前应用较多的是自动定时定量投饲机。投饲机饲料抛撒一般使用电机带动转盘，靠离心力把饲料抛撒出去，抛撒面积可达到 $10\sim50m^2$。目前市面也有可定时定量投喂的投饵机。

（三）排灌机械

水泵是养殖场主要的排灌设备，水产养殖场使用的水泵种类主要有：轴流泵、离心泵、潜水泵、管道泵等。

水泵在水产养殖上不仅用于池塘的进排水、防洪排涝、水力输送等，在调节水位、水温、水体交换和增氧方面也有很大的作用。养殖用水泵的型号、规格很多，选用时必须根据使用条件进行选择。轴流泵流量大，适合于扬程较低、输水量较大情况下使用；离心泵扬程较高，比较适合输水距离较远情况下使用；潜水泵安装使用方便，在输水量不是很大的情况下使用较为普遍。

（四）电力配置

水产养殖场的正常生产需要稳定的电力供应，供电情况对养殖生产影响重大，应配备专用的变压器和配电线路，并备有应急发电设备，并配备独立的变电、配电房，确保线路安全可靠。

（五）生物浮床

生物浮床主要用于鱼菜共生养殖模式，在养殖池塘中建立生物浮床，不仅可以净化池塘养殖水质，而且可以产出额外的蔬菜等经济作物，增加水产养殖的经济效益。生物浮床的框架一般可以用纤维强化塑料、不锈钢加发泡聚苯乙烯、特殊发泡聚苯乙烯

加特殊合成树脂、盐化乙烯合成树脂、混凝土等材料制作。

四、进排水设施

淡水池塘养殖场的进排水系统是养殖场的重要组成部分，进排水系统规划建设的好坏直接影响到养殖场的生产效果。养殖场进排水系统必须严格分开，以防自身污染。进排水系统由水泵站、进水口、源水处理设施、各类渠道、水闸、分水口、排水沟等部分组成。水产养殖场在选址时应首先选择有良好水源水质的地区，如果源水水质存在问题或阶段性不能满足养殖需要，应考虑建设源水处理设施，即蓄水池。进水水源经过蓄水池净化后进入养殖水体，进水口应高出水面，产生迭水，自动增加水体溶氧，进水口与排水口应对角设置，排水口高度应低于池底以能排干底层水为宜。养殖场的进排水渠道一般应与池塘交替排列，池塘的一侧进水另一侧排水，使得新水在池塘内有较长的流动混合时间。养殖废水必须经过处理后达标排放。进水、排水口都要安装拦网，防止鱼类逃逸；进水口的拦网还有阻拦杂草、杂物和敌害生物进入的作用。设计规划养殖场的进排水系统还应充分考虑场地的具体地形条件，尽可能采取一级动力取水或排水，合理利用地势条件设计进排水自流形式，降低养殖成本。进排水系统设计好了既方便使用，还可具备防逃、集污、增氧和自动微调等功能。

（一）水泵站、自流进水

池塘养殖场一般都建有水泵站，泵站大小取决于装配泵的台数。根据养殖场规模和取水条件选择水泵类型和配备台数，并装备一定比例的备用泵，常用的水泵主要有轴流泵、离心泵、潜水泵等。

低洼地区或山区养殖场可利用地势条件设计水自流进池塘。如果外源水位变换较大，可考虑安装备用输水动力，在外源水位较低或缺乏时，作为池塘补充提水需要。自流进水渠道一般采取明渠方式，根据水位高程变化选择进水渠道截面大小和渠道坡降，自流进水渠道的截面积一般比动力输水渠道要大一些。

（二）水源处理设施

为了保证改善水质，可建进水处理池，即蓄水池。江河水、井水经过半日贮存和阳光照射，可减少温差，改善水质。一般建2个蓄水池，用以轮替交换供水，使蓄水有充足的时间沉淀、曝气、平衡水温，达到养殖用水的要求。水体中有害菌超标的还需安装紫外光杀菌或者臭氧杀菌消毒装置。

（三）进水渠道

进水渠道分为进水总渠、进水干渠、进水支渠等。进水总渠设进水总闸，总渠下设若干条干渠，干渠下设支渠，支渠连接池塘。总渠应按全场所需要的水流量设计，总渠承担1个养殖场的供水，干渠分管1个养殖区的供水。

（四）进水闸门、管道

池塘进水一般是通过分水闸门控制水流通过输水管道进入池塘（图2-5），分水闸门一般为凹槽插板的方式，很多地方采用预埋PVC弯头拔管方式控制池塘进水，这种方式防渗漏性能好，操作简单。

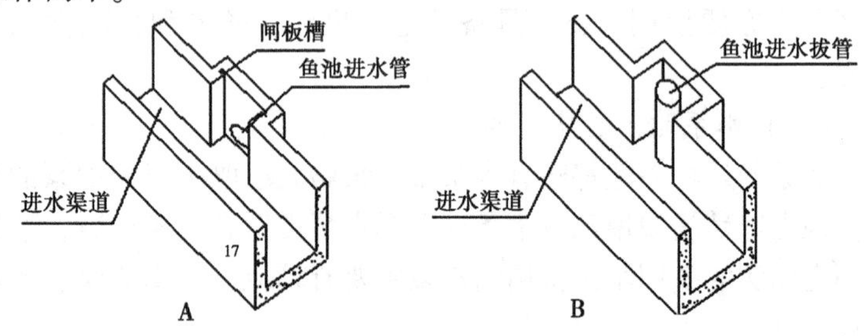

图2-5　池塘进水设施

A. 闸板槽式　B. 拔管式

池塘进水管道一般用水泥预制管或 PVC 波纹管，较小的池塘也可以用 PVC 管或陶瓷管。池塘进水管的长度应根据护坡情况和养殖特点决定，一般在 0.5～3m。进水管太短，容易冲蚀塘埂；进水管太长，又不利于生产操作和成本控制。池塘进水管的底部一般应与进水渠道底部平齐，渠道底部较高或池塘较低时，进水管可以低于进水渠道底部。进水管中心高度应高于池塘水面，以不超过池塘最高水位为好。进水管末端应安装口袋网，防止池塘鱼类进入水管和杂物进入池塘。

（五）排水井、闸门

每个池塘一般设有 1 个排水井。排水口与进水口成对角位置，使鱼塘内无死水角。排水口直径比进水口直径略大，以使池内进排水时形成微水流。排水井采用闸板控制水流排放，也可采用闸门或拔管方式进行控制（图 2-6）。拔管排水方式易操作，防渗漏效果好。排水井一般是水泥砖砌结构，有拦网、闸板等凹槽。

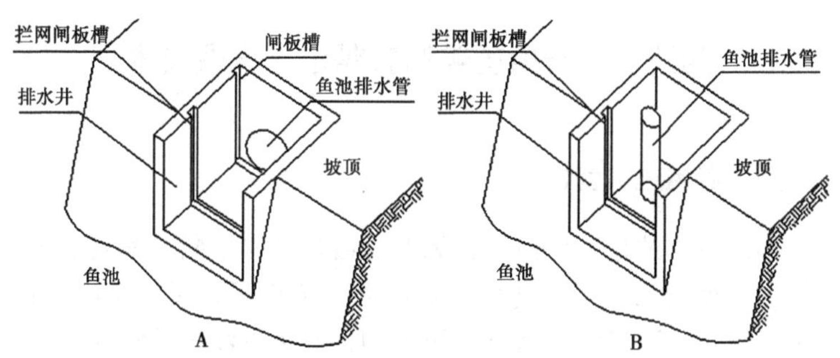

图 2-6　池塘排水设施

A. 闸板槽式　B. 排水管式

排水井的深度一般应到池塘的底部，以可排干池塘全部水为好。有的地区由于外部水位较高或建设成本等问题，排水井建在池塘的中间部位，只排放池塘50%左右的水，其余的水需要靠动力提升，排水井的深度一般不应高于池塘中间部位。

（六）排水渠道

排水渠道分为排水支渠、排水干渠、排水总渠等。池塘养殖废水由养殖排水支渠汇集到排水干渠，若干排水渠汇集到排水总渠，排水总渠的末端应建设排水闸。

（七）污水处理池

水产健康养殖场应建造污水处理池，即净化池，可减少养殖废水对周围环境的污染以及防止污染养殖场本身的水质。污水处理池一般建在较低处，便于排水。建好净化池后，定期往水中投放微生态制剂，养殖废水的水质能得到有效改善。一般可在养殖废水净化池中种植水生植物或建造一个全人工湿地，用于净化养殖水体。利用鱼类的粪便等有机肥培养水生植物，既能改善池塘水质，又能美化环境。池中种植莲藕、茭白、菱角等经济植物，还能创造经济价值，实现物质的循环利用。

第三节　养殖鱼类营养需求与投喂技术

一、养殖鱼类食性

不同种类的鱼，生活习性和取食器官结构不同，其食性也不一样。池塘淡水鱼类的食性一般可以分为以下几类：①滤食性。鲢鱼、鳙鱼等通过鳃耙滤食浮游生物，鲢鱼以浮游植物为主，鳙鱼以浮游动物为主。②草食性。主要是草鱼、鳊鱼等，以摄食水草或幼嫩陆草为主。③肉食性。主要是鳡鱼、鳜鱼、乌鳢等凶猛肉食性鱼类，还有鲈鱼、青鱼等肉食性鱼类。④杂食性。主要是鲤鱼、鲫鱼、罗非鱼等，其食性范围广、杂，既摄食底栖动物和水生昆虫，也摄食水草、藻类等。⑤腐屑食性。中华鲟、鲴鱼以

有机碎屑、腐殖质及固着藻类为食。

二、养殖鱼类对主要营养成分的需求

营养需求是指对营养素的需求。营养素是指能被动物消化吸收，为动物的生命活动提供能量，并在动物体内构成体组织、参与生理机能调节的各类营养物质。水产动物需要的营养素主要有蛋白质、脂肪、糖类、维生素和矿物质等5类。

（一）对蛋白质的需求

蛋白质是决定鱼类生长最关键的营养物质，其需要量必须满足能使动物获得最大生长，即能使体内蛋白质积蓄达最大量时所需的最低蛋白质量。但由于养殖鱼类种类、年龄、水温以及不同营养价值的蛋白源和养殖方式存在差异，使得养殖鱼类对蛋白质的需要量也高低不同，因此，确定配合饲料的最适蛋白量对水产动物营养和指导饲料生产极其重要。池塘几种主要养殖鱼类对蛋白质的需要量，见表2-2。

表2-2　池塘几种主要养殖鱼类对蛋白质的需求量（%，饲料干重）

鱼种	规格	含量（占干饲料%）
翘嘴鲌	鱼种阶段	40~45
	成鱼阶段	35~40
加州鲈	鱼种阶段	40~49
罗非鱼	鱼种阶段	36~45
中华鳖	幼鳖至成鳖	43~50
青　鱼	鱼种阶段	35
	成鱼阶段	30
草鱼	夏花阶段	30
	鱼种至成鱼	22~25

（续表）

鱼种	规格	含量（占干饲料%）
鲤鱼	鱼苗阶段	40~45
	鱼种阶段	35~40
	成鱼阶段	30~35
异育银鲫	幼鱼阶段	40
	鱼种阶段	32
	成鱼阶段	28
团头鲂	幼鱼阶段	25.6~41.4
	鱼种阶段	25
	成鱼阶段	21.1~30.6

（二）对氨基酸的需求

氨基酸是组成动物体蛋白的原料，从本质上讲，动物需要的不是蛋白质而是氨基酸，因此，选择渔用配合饲料时，不仅要考虑蛋白质的含量，更要注意蛋白质的质量，即是否含有能满足鱼类生长所必须的氨基酸的种类和数量。

必须氨基酸是指在体内不能合成，或合成速度不能满足机体需要，必须从食物中摄取的氨基酸。鱼类已经确定的必须氨基酸有 10 种，分别是亮氨酸、异亮氨酸、赖氨酸、蛋氨酸、苯丙氨酸、苏氨酸、色氨酸、缬氨酸、精氨酸、组氨酸等，而酪氨酸、丙氨酸、甘氨酸、脯氨酸、谷氨酸、丝氨酸、胱氨酸和天门氨酸等 8 种是体内能自行合成的，故称为非必须氨基酸。但在实际饲料生产中，饲料蛋白质中必需氨基酸的含量与鱼类的需要量和比例不同，将其相对不足的某种氨基酸称为限制性氨基酸，其中，最容易缺乏的氨基酸称为第一限制性氨基酸。池塘常见的几种淡水鱼对各必须氨基酸的需要量，见表 2-3。

表 2-3　主要养殖鱼类对必须氨基酸的需要量
（饲料中氨基酸百分含量）

氨基酸	青鱼	翘嘴红鲌	罗非鱼	异育银鲫	团头鲂	加州鲈
精氨酸（Arg）	2.70	5.00	4.20	0.93	2.06	5.32
组氨酸（His）	1.00	1.77	1.72	0.47	0.61	1.31
异亮氨酸（Ile）	0.80	3.63	3.11	0.74	1.43	2.64
亮氨酸（Leu）	2.40	7.21	3.39	1.37	2.10	5.12
赖氨酸（Lys）	2.40	6.72	5.12	1.60	1.92	4.90
蛋氨酸（Met）	1.10	3.27	2.68	0.52	0.62	1.69
苯丙氨酸（Phe）	0.80	3.94	3.75	0.75	1.35	2.56
苏氨酸（Thr）	1.30	3.27	3.75	0.79	1.19	2.63
色氨酸（Trp）	1.00	0.69	1.00	0.14	0.20	0.53
缬氨酸（Val）	2.10	3.68	2.80	0.81	1.51	2.95

（三）对脂肪的需求

脂肪是鱼类生长所必须的营养物质之一，当饲料中脂肪含量不足或缺乏时，会导致鱼类代谢紊乱，饲料蛋白质利用率下降，同时，还可并发脂溶性维生素和必须脂肪酸缺乏症。但饲料中脂肪含量过高时，又会导致鱼体脂肪沉积过多，鱼体抗病力下降，也不利于饲料的成型、加工和贮藏。因此，饲料中脂肪含量须适宜。

鱼类对脂肪的需要量受鱼的种类、食性、生长阶段、饲料中糖类和蛋白质含量及环境温度等因素的影响而各有差异。池塘几种主要养殖鱼类对脂肪的需求量，见表 2-4。

表 2-4　池塘几种主要养殖鱼类对脂肪的需求量

（%，饲料干重）

鱼种类	规格	含量（占干饲料%）
翘嘴鲌	鱼种	7~9
罗非鱼	鱼种	5~12
中华鳖	—	7~9
加州鲈	鱼 种	7~12
青鱼	当年鱼种	6. 5
	成鱼	4. 5
草鱼	鱼种	8
	成鱼	3. 6
鲤鱼	鱼苗鱼种	8
	幼鱼成鱼	5
	亲鱼	5
异育银鲫	鱼种	5. 1
鳊鱼	幼鱼成鱼	<7. 5

必须脂肪酸（EFA）是指那些鱼类体内不能合成，必须从饲料中获取的生长所必须的脂肪酸，对机体的代谢起重要的调节作用；此外，它还参与其他脂类转运磷脂的组成部分，有利于胆固醇的溶解性及其在机体内的运输等生理功能。当必须脂肪酸缺乏时，鱼的生长速度和成活率降低，饲料效率减少，甚至出现鳍条糜烂、贫血、鱼体畸形等症状。淡水鱼类的必须脂肪酸主要有 4 种：亚油酸（18：2n−6）、亚麻酸（18：3n−3）、二十碳五烯酸（20：5n−3，即 EPA）、二十二碳六烯酸（22：6n−3，即 DHA）。

（四）对糖类的需求

鱼类对糖类的代谢水平很低，对糖的利用率不高，主要表现

如下。

（1）鱼体肝脏和其他组织贮存糖原的能力极其有限。

（2）饥饿时，鱼类体内发生糖原异生作用，即由蛋白质、脂类等非糖物质合成生成葡萄糖，来维持体内血糖平衡。

但糖类又是鱼类生长必须的营养物质，若摄入的糖类不足，会使饲料中蛋白质的利用率下降，长期摄入不足还可导致代谢紊乱、鱼体消瘦、生长缓慢等；反之，若长期摄入过量的糖类，多余的糖类会合成生成脂肪，导致脂肪在肝脏和肠系膜中大量沉积，发生脂肪肝，使鱼体呈现出病态型肥胖。与蛋白质、脂肪的需求情况相似，不同种类的鱼对糖类的需求量不同。池塘几种主要养殖鱼类对糖类的需求量，见表 2-5。

表 2-5　池塘几种主要养殖鱼类对糖类的需求量（%，饲料干重）

鱼类	糖	纤维素
翘嘴鲌	18	—
罗非鱼	≤21	—
加州鲈	≤20	≤3.5
青鱼	25~38.5 10.2~36.8	—
草鱼	36.5~42.5	12
鲤鱼	38.5 41.5 35~40	—
异育银鲫	36	12.19
团头鲂	25~30	36.5~42.5

（五）对维生素的需求

维生素是维持水生动物机体正常生长、发育和繁殖所必须的微量小分子有机化合物。其主要作用是作为辅酶参与物质代谢和能量代谢的调控，作为生理活性物质直接参与生理活动，作为生物体内的抗氧化剂保护细胞和器官组织的正常结构和生理功能，或作为细胞和组织的结构成分。因其在水生动物体内不能由其他物质合成或合成量不足以满足营养需要，主要是从食物中获取。维生素种类很多，其化学组成、性质各异，一般按其溶解性分为脂溶性和水溶性维生素两类：脂溶性维生素包括维生素 A、维生素 D、维生素 E、维生素 K；水溶性维生素包括维生素 B_1、维生素 B_2、维生素 B_5、维生素 B_6、生物素、叶酸、维生素 B_{12}和维生素 C 等。

（六）对矿物质的需求

矿物质在鱼体内含量一般为 3%~5%，含量在 0.01%以上者为常量元素，0.01%以下者为微量元素。鱼体内常量矿物元素主要有 Ca、P、Mg、Na、K、Cl、S 等，微量元素主要有 Fe、Cu、Mn、Zn、Co、I、Se、Ni、Mo、F、Al 等。

三、饲料品种选择

不同的养殖鱼类，不同的生长阶段，所需要的配合饲料，从营养成分到饲料形状和规格均有所不同，例如，幼鱼阶段，新陈代谢旺盛，生长速度快，对蛋白质需要量高，且消化系统比较简单，肠道内微生物的数量和种类不多，所以，需选择易为消化、吸收的饲料原料；再如鱼类对糖的利用能力较低，而肉食性鱼类对糖的利用能力则更低，不同食性的鱼类利用糖和脂肪等能量物质的能力不同，所以，在添加能量饲料时应根据具体养殖对象适当添加，否则，容易引起营养性脂肪肝。因此，根据具体养殖对象科学合理地选择饲料品种，既能满足鱼类各阶段的营养需求，又能有效地提高饲料利用率，节约养殖成本。

（一）天然饵料与仔幼鱼饲料

大多数鱼类在开食时没有胃液消化功能，也没有咽齿和味

蕾，食管在长轴上有简单的弯曲，仅有较短的肠道具有消化功能，肠容物排空时间短，所以，此时仔鱼的消化功能极其有限，只能摄食和消化小型的浮游植物和动物。

目前仔幼鱼的天然饵料仍主要以单细胞藻类、浮游动物（轮虫，枝角类：裸腹溞、溞状溞，桡足类：虎斑猛水蚤、纺锤水蚤、长腹剑水蚤）、卤虫和其他无脊椎动物（水生寡毛类：苏氏鳃尾蚓，线虫）等为主。

1. 单细胞藻类

单细胞藻类主要是指小球藻，小球藻中含有丰富的 ω_3HUFA（主要是 EPA），能为仔幼鱼提供很好的脂肪酸来源，其本身也是浮游动物的饵料，因此，在仔鱼活饵料的强化培育时，可以选择高 ω_3HUFA 含量的藻类进行培育。

2. 轮虫

自从轮虫能规模培育后，轮虫就因其蛋白质的氨基酸组成平衡使其成为淡水鱼孵出后 1～2 周最广泛的饵料生物。据研究，鲤鱼对轮虫蛋白质的消化率可达 84%～94%。

3. 卤虫

卤虫可利用其体内的淀粉和胰蛋白酶来帮助仔幼鱼提高对其的消化率和蛋白质利用率（Watanabe 等，1983）。由于产地不同，卤虫也分为不同品系，根据卤虫不同的脂肪酸组成可大致分为两类：一类是含有较高含量的 $C_{18:3}$，适于淡水鱼仔鱼的生长需要；另一类卤虫富含 EPA 和 DHA，比较适合海水鱼仔鱼的生长。虽然不同品系卤虫对仔鱼的营养价值有所不同，但其氨基酸的营养作用相同，能完全满足不同仔鱼的生长需要。

4. 其他无脊椎动物

目前有一种蛋白质含量很高的线虫已用来作为仔鱼的主要活饵料，并可大规模培育；此外，水生寡毛类中的苏氏鳃尾蚓也是很好的淡水仔幼鱼生物饵料，广泛用于观赏鱼的饲养。

(二) 养殖鱼种及成鱼常用商品饲料

目前市场上较为常用的淡水鱼商品饲料大多是由正大、大北农、通威、海大等企业生产的，这些企业饲料研发能力强，产品种类较齐全，随着养殖结构及养殖方式的转变，主要人工饲料生产企业生产的人工配合饲料也发生转变，随着名特优水产品养殖规模的扩大，特色淡水鱼的养殖品种增多，各大饲料生产企业逐步以膨化料生产为主，特别是适用于特色经济鱼类（黄颡鱼、加州鲈、翘嘴鲌等）的膨化饲料。膨化饲料是一种蓬松多孔的饲料，饲料经过膨化后，不但外形和物理状态有所改变，而且内部有机分子结构也发生了改变，使淀粉更容易消化，蛋白质更易利用，和普通全价颗粒饲料相比具有以下优点：①饲料适口性更好，经过膨化后，饲料香味增加，适口性提高，能刺激水生动物食欲；②饲料消化率提高了，膨化料中蛋白质、脂肪等有机物的长链结构变成了短链，有利于水生动物消化吸收；③提高了饲料品质，饲料通过高温膨化，可以破坏许多饲料中的抗营养因子；④饲料通过高温膨化，可杀灭原种的细菌和真菌等，充分提高饲料的卫生品质。但是目前膨化饲料与颗粒料相比，价格较高，因此，养殖户需转变养殖结构，扩大名特优水产品养殖比例，实现水产养殖提质增效，减量增收。

四、投喂技术

在鱼类养殖生产过程中，除了选用优质饲料外，采用科学的投喂技术也是保证鱼类正常生长、降低养殖成本、提高经济效益的必要条件，投喂技术则主要包括投喂量的确定、投喂次数、时间、场所及投喂方法等，而早在我国传统水产养殖中，养殖生产者就根据其养殖实践经验对投喂技术进行了高度的总结，提出了“三看”（即看天气、看水质、看鱼情）、“四定”（即定质、定量、定时、定位）的投喂原则。

（一）选择合适规格的饲料

在养殖过程中，经常存在不同规格的鱼种或成鱼搭配混养的养殖模式，那么在饲料选用和投喂方式上就需要引起重视，选择合适规格的饲料既能提高主养品种的生长速度，又能保证套养品种的产量。选择合适规格的饲料，就是要选择颗粒规格和粒径与鱼体的有效摄食口径相适应的饲料。

（二）投喂量

准确掌握饲料投喂量是养鱼成功的保证，它既能使鱼吃饱吃好，又不至于造成饲料浪费。现介绍几种确定池塘养鱼投喂量的方法。

1. 以鱼净增重倍数和饲料系数计算年投喂量、月投喂量和日投喂量

（1）年投喂量。根据鱼净增重倍数和饲料系数来进行推算，即鱼种放养量×净增重倍数×饲料系数。鱼净增重倍数一般为4~5，全价配合饲料的饲料系数一般为2~2.5，混合性饲料则为3~3.5，如果是几种饲料交替使用，则分别以各自的饲料系数计算出使用量，然后相加即为年投喂量。

（2）月投喂量。即年投喂量×当月饲料分配百分比。一般3月投喂年投喂量的1%，4月投喂年投喂量的4%，5月投喂年投喂量的8%，6月投喂年投喂量的15%，7月、8月、9月均投喂年投喂量的20%，10月投喂年投喂量的9%，11月投喂年投喂量的3%。

（3）日投喂量。根据月投喂量分上、中、下旬安排，3—8月，上旬日投喂量当月投喂量日平均数的80%，中旬为日平均数，下旬为日平均数的120%；从9月开始，上旬为当月投喂量日平均数的120%，中旬为日平均数，下旬为日平均数的80%。

2. 根据投饵率确定投喂量

投喂率是指每天投喂饲料量占养殖对象体重的百分数，可根

据鱼类对饲料蛋白质需要量、对饲料的消化率及饲料蛋白质含量，推算投喂率，其计算方法如下：

$$投喂率（\%）=\frac{鱼对蛋白质需要量（克/日·千克鱼）}{饲料中粗蛋白质\%\times粗蛋白质消化率\%\times100}$$

实际投喂量主要根据季节、水色、天气和鱼类的吃食情况而定。

（1）在不同季节，投喂量不同。冬季或早春气温低，鱼类摄食量少，要少投喂，以不使鱼落膘；清明以后，投喂量可逐渐增加，夏季水温升高，鱼类食欲增大，可大量投喂；秋季水温日渐下降，投喂量也应逐渐减少。

（2）视水质情况调整投喂量。水色过淡，可增加投喂量，水质变坏，应减少投喂量，水色为油绿色和酱红色时，可正常投喂。

（3）天气晴朗可多投喂，天气闷热无风或雾天应停止投喂。

（4）具体投喂量应根据鱼的吃食情况适当调整。

当水温在15~20℃时投喂率为1%~2%；水温在20~25℃时投喂率为3%~4%；水温在25℃以上时，投喂率为4%~6%。

3. 观察鱼摄食情况，确定日投饵量

此方法操作方便，简单易行。饲料投喂后，一般以鱼2~3小时吃完为度。或以80%的鱼吃完游走为标准，此方法也可与方法二结合使用，即以方法二计算出当日投喂量，投喂后，根据鱼吃完时间和鱼离开情况，酌情增减，以达到最适投喂量。

根据以上3种方法可确定投喂量，但是，实际生产操作中应注意观察天气、养殖鱼摄食情况及养殖水体水质，灵活掌握投喂量，此外，不同的养殖鱼类的停食温度不一致，冬天低温时，只要养殖鱼摄食，均需投喂，不可节食。

（三）投喂次数

投喂次数是指日投喂量确定以后投喂的次数。大多数淡水养

殖鱼类没有胃，摄取饲料后直接由食道进入肠道内消化，投喂次数愈多，饲料在肠道内的移动速度愈快。如果移动速度超过了鱼类对肠道内饲料的消化吸收速度，则会导致鱼类对饲料的利用率降低；如果投喂次数过少，则会使鱼类在相当长的时间内缺少饲料的摄入，所需要的营养物质得不到满足，使其生长受阻。因此，在实际养殖生产中，常采用多次投喂，使其肠道能连续充分地吸收饲料中的营养物质，提高饲料中蛋白质的利用率，加速鱼体蛋白质的合成，促进鱼类生长。在长江流域地区，淡水养殖常采用的饲料投喂次数为：4 月和 11 月投喂 2 次/日，5 月和 10 月投喂 3 次/日，6—9 月投喂 4 次/日。

第四节　水质管理与病害防治

一、水质管理

水产工作者习惯讲：要想养好一塘鱼，先要养好一塘水。实际生产中，池塘底质和水质是相辅相成的，底质的好坏直接影响水质，水质的好坏是底质的表现形式，改善底质是改善水质的基础，底质和水质共同构成水产养殖动物栖息的环境空间和生物、能量、理化因子循环的载体空间。

水体和底质的稳定性，自净能力水平是正确评价养殖水体和底质质量的标准。保持水体和底质的环境相对稳定，使养殖水体和底质的生态系统及生物个体、种群和微生态系统始终处于动态平衡中，水体和底质物质循环和能量流动有序顺畅，即水体和底质的稳定性好和自净能力水平高，使水体和底质变成养殖水生动物栖息和生长的良性生态环境空间，才能达到健康、安全、高效的养殖目的。

水体和底质的稳定性、自净能力水平主要取决于 3 个方面：

藻相，藻类的生物多样性指数高、生物量大且活力强，其稳定性和净水力就强；微生物相，水体中微生物分解有机物，降解氨、亚硝酸、硫化氢的能力，是水体稳定的基础；理化缓冲能力，如充足的二氧化碳、较高浓度的缓冲物和适当的底泥等，都是水体稳定和自净能力水平的重要因素。培养优良的水质和底质，关键是提高水体和底质的稳定程度、自净能力水平。

1. 水体与底质的稳定性和自净能力判别

酸碱度和溶解氧是水中最主要的化学因子，其变动状况能够反映出水体稳定程度及净水能力的高低。光合作用越强，酸碱度和溶解氧越高，净水能力越强；而总碱度越高（如正常大于120mg/L水体），相对缓冲能力较强，此时酸碱度和溶解氧的变幅则较小，水体相对稳定；反之，酸碱度和溶解氧的变幅大，则水体不稳定。判断水质的好坏可参考以下方法（测定早上和中午水体的酸碱度和溶解氧）：当pH值变化不超过1而溶解氧在4~10mg/L时，这是水质稳定的标准，一般不需要进行处理；当pH值变化超过1而溶解氧仍在4~10mg/L时，此时意味着总碱度不够（可投放碳酸钙或碳酸氢钠，每天投放，直到pH值恢复正常）；当pH值变化超过1且早上溶解氧低于3mg/L、中午溶解氧高于10mg/L时，意味着藻相开始劣变了，即池底开始富营养化，此时，建议使用有益微生物处理；若是pH值及溶解氧持续走低，则意味着池底开始酸化或老化了，建议使用生物净水剂等处理。

2. 提高水体与底质稳定性和自净能力的措施

（1）增氧。充足的溶解氧是水质稳定及鱼、虾等水产养殖动物健康生长的必要条件，增氧的目的为：满足鱼、虾等水产养殖动物及池中的所有生物呼吸需要；满足水产养殖动物摄食、消化、代谢的需要，达到健康快速生长要求；满足所有生物及化学因子良性循环的需要。保持充足的溶解氧意义重大，但事实上几

乎每个水产养殖水体溶解氧都是不足的，所以，增氧是养鱼成败最关键的因素之一。缺氧时可通过加开增氧机、泼洒增氧剂及改底药物解决，长期缺氧应分析原因，如是否藻相不佳、增氧能力不足、水位太深、换水、用杀藻药物或投饵量过大等，应有针对性地加以解决。提高增氧效率的办法：改进增氧方式，改用立体式增氧代替单一增氧；提高给氧物质的浓度，改施液体增氧剂代替固体增氧剂，以提高给氧物质的含量，增加给氧效率；使用氧原子含量高的增氧剂，提高氧化能力，降解氨氮、亚硝酸盐等还原性物质；使用表面活性剂，降低水体的表面张力，增加氧气溶解速度。

（2）培养有益藻类。定向培养有益藻类，硅藻个体较大，易消化，净水能力强，是养鱼池理想的藻类。绿藻在养殖初期及水质不稳定时易出现，可作为硅藻为优势种的补充。培育硅藻应做好以下几个方面：接种以硅藻为优势的"肥水"（为茶褐色）；开启增氧机等，形成一定的水流；施用肥水育藻剂；非土池（如水泥池或塑膜底层），可放2~3mm的壤土，以保证水体中含有足够的可溶性的硅酸盐；水位不宜过深，勿施不溶性的有机肥（如鸡粪、黑土等），以防止鞭毛藻类及原生生物大量出现。

保持丰富的藻类，防止藻类"老化"。藻类有较强的净水能力，丰富的藻类不仅提高水体的自净能力，而且产氧能力强，同时为鱼类提供良好的饵料。但是在生产中有时会出现藻类突然大量死亡，即"倒藻"现象；在养殖后期池塘容易出现藻类多，有机颗粒（如粪便、有机碎屑）也多，即"又肥又脏"的现象。防治上面两类藻类"老化"的方法：全池泼洒季铵盐类药物0.3~0.4mL/m³，絮凝部分"老化"藻类、粪便颗粒、有机碎屑，幼稚藻类不受伤害，第二天再用颗粒增氧剂按100g/亩撒在池底以防底臭，可有效地避免藻类老化，有些富营养化的池塘高温期，根据水质情况每隔7~10天按上述方法使用1次效果较好；期间加大增氧力度，并适当地减少投喂量。

（3）正确使用微生物制剂。正确使用优质微生物制剂可以培养良好的微生物种群，改善养殖环境，增加养殖动物抵抗力，预防病害的发生。微生物制剂可用作以下几个方面：降低水体氨、亚硝酸、硫化氢等有害物质，有“净水作用”；加快有机物分解，促进藻类繁殖，有“肥水作用”，以含有芽孢杆菌、乳酸菌为主的微生物制剂效果明显，可保持水质“肥而不脏”“肥而不老”；抑制有害细菌，起防病作用，如含有乳酸菌、链球菌的微生物制剂；加快水体净化速度，促进物质循环，主要起稳水作用，以复合菌为主。正确使用微生物制剂需要注意以下几点：一是微生物制剂的生长繁殖需要一定的条件，因而改善活菌的生存环境是很必要的。硝化细菌、芽孢杆菌均是好氧菌，只有在氧气充足的条件下才能繁殖，因而缺氧条件下，不适合使用以上述菌种为主要成分的产品。光合细菌需要光照、无氧条件，无光或氧气高不利于繁殖，所以，良好的水质（如藻类丰富等）中，使用光合细菌作用不大。在正常的水体，光合细菌主要在底层及温跃层上方起作用。光合细菌因其耗氧量不大，阴雨天可以使用，但目前市场上很多光合细菌产品因含有大量的培养基，也不宜在阴雨天使用。

（4）养鱼先养底。底质的好坏直接影响水体的稳定性及养殖动物的生长能力及抗病力等。底质改良具有重要的意义。造成底质恶化的主要原因：大量的残饵、排泄物、动植物尸体中残余的蛋白质、脂肪、淀粉等为病原微生物的生长繁殖提供营养条件造成病原微生物的大量繁殖；大量而频繁的排换水使池塘泥土中矿物质和微量元素流失，造成塘底“沙漠”化，塘底渗漏，保水、保肥的功能减退；频繁使用化学药物消毒对有益微生物构成极大的危害，使病原微生物产生抗性，致使池塘逐步失去生态平衡，塘底的自净功能丧失殆尽。

底质恶化的危害：一是导致“氧债”增加。在集约化养殖条件下，残饵、粪便、死亡的藻类等都会沉淀在池塘的底部，池底有机物含量远远高于水中溶解的有机物，尤其是多年未清塘的池塘，这种情况更为严重。淤泥（有机质）过多的池底氧化分解会消耗掉底层本来并不多的氧气，造成底部缺氧。缺氧条件下，嫌气性细菌大量繁殖，对有机物质产生发酵作用，产生很多还原性中间产物，这些物质强烈亲氧，当水中有氧时，它们就会与氧结合，从而消耗掉水中的氧气，直至全部被氧化后，水中溶氧才开始升高。鉴于此，要增加底部的溶氧必须降低这些能消耗掉氧气的还原性物质，才能有效增加底部溶氧。即人们常说的“氧债”，先清理完“债务”后才能让池塘底部的溶氧提高。据统计，集约化养殖池底淤泥耗氧量，占水体总溶氧的 1/3 以上。“氧债”越高，对水产养殖动物的生长就越有威胁。“氧债”的存在是缺氧、水质恶化的重要原因之一，已成为水底暗藏的杀手。而底质恶化是导致“氧债”产生的根本原因。二是水体有毒物质大大增加。在淤泥较多的池塘中，嫌气性细菌大量繁殖，分解池塘底部的有机物质而产生大量有毒的中间产物，如氨、硫化氢、甲烷、有机酸、低级胺类、硫醇等。这些物质大都对水产养殖动物有着很大的毒害作用，它们在水中会不断积累，轻则会影响水产养殖动物的生长、饵料系数增大、养殖成本升高；重则引起中毒死亡和泛塘，对养殖业造成巨大损失。三是酸碱失衡。在淤泥较多的池塘中，淤泥中有机物在嫌气和厌气微生物的共同作用下发酵产生各种有机酸和无机酸，使底质和水质酸化，pH 值明显下降。水产养殖动物对生活水域的酸碱有一定的适宜范围，过酸或过碱的水均能刺激鳃和皮肤的感觉神经末梢，反射性地影响呼吸运动，使养殖动物从水中摄氧能力减弱。当 pH 值超过适宜范围时，影响养殖动物的呼吸，造成新陈代谢下降、生长发育停滞等一系列异常变化。因此，pH 值超过一定范围，即使在富氧水域里也会出现缺氧症状。在有些养殖池塘中，底部酸化程度非常严重，已成为健康养殖的障碍。四是养殖动物抵抗力下降，易感染发病。养殖水体及养殖动物体内外或多或少地存在着一些致病微生物，这些致病微生物中多数为条件致病，其致病力随着环境不良因素的增加而增强。环境条件恶化，养殖动物受损伤、抵抗力减弱就会使致病菌的毒性增强，从而对养殖动物的组织器官造成损害，发生病理变化而发病。当底质恶化，有害菌就会大量繁殖，水中有害菌的数量达到阈值时，养殖动物可能发病。所以，环境恶化不仅造成水产养殖动物的抵抗能力下降，特别容易感染病菌而发病，而且还使水体致病菌大量繁殖，达到使水产养殖动物发病的细菌数量。

大量的研究与生产实践证明，池塘淤泥增多、底质恶化（池底恶臭）是造成池塘底部“氧债”升高、pH 值失衡、有毒物质和有害细菌增加的罪魁祸首，是造成整个养殖水体水质污染的重要原因。池底恶化轻则使水产养殖动物摄食量下降乃至停食、病害发生与蔓延，重则造成水产养殖动物中毒、泛池，出现大量死亡。因此，延缓池底“老化”过程，及时改善底质已成为养殖能否成功的关键之一。在水产养殖动物养殖中，以改良底质为中心的水质管理已成为当今水产养殖的最关键技术之一。

常用的底质改良方法：彻底清塘和晒塘，清除池塘底部多余的有机物（淤泥），是改善底质的最好的手段；使用吸附物质改良底质，如沸石粉，可以在池底吸附氨氮等有毒有害物质，是传统的底质改良剂；使用微生态制剂改良底质，如光合细菌、复合微生物制剂等，光合细菌为兼性细菌，在氧气不足的池底也能繁殖，故施用光合细菌后，可在池底作用，直接消耗利用水中的有机物、氨氮及硫化物，并通过反硝化作用除去了水中的亚硝酸铵等，能使池塘内的残饵及水产养殖动物等生物排泄物分解并加以吸收利用，复合微生物制剂可降低池底有害物质和有机质含量，

并抑制其扩散，通过物理和化学的方法去除底部的氨态氮、硫化氢、亚硝酸态氮，为底部水体及整个池塘创造一个良好的水环境，调节池塘底质酸碱度，稳定底部 pH 值，参与建立 pH 值缓冲体系，把 pH 值控制在正常的范围内，起到调节及稳定养殖水体酸碱度的作用，并有效抑制池塘底层有害菌繁殖生长，预防疾病的发生；提高底泥的氧化还原电位，促进有益菌的繁殖，是减少底臭较好的方法；避免饲料的浪费，提高饲料转换率；定向培养有益藻类，适当施肥并防止水体老化；防止盲目用药。

二、鱼病防控

（一）预防为主

鱼病的发生是鱼体、病原和环境、人为因素相互作用，相互影响而产生的结果。由于鱼类生活在水中，不易观察，一旦发病，往往传染较快，而且治疗效果也不好，因此，预防鱼病发生非常重要。

鱼类病害的治疗，基本都是采用群体治疗方法，治疗既麻烦又浪费性很大，而且内服药只能由鱼类主动摄入，当鱼类发病时，病鱼的摄食能力较差，而且随着病情的加重，病鱼不能摄食，因此，即使有特效的药物也不能进入鱼体，治疗效果不佳。

对外用药而言，通常采用药浴和全池泼洒的方法，而全池泼洒仅适应小型水体，面对大型的湖泊、水库、河流就难以应用。一些药物的使用，既对水环境造成影响，也对水产品质量安全构成危害，尤其是治疗阶段，用药量的加大，其影响更大。

（二）鱼病预防措施

（1）培育和选择抗病力强的鱼类品种；

（2）加强池塘水质管理，改善渔业生态环境；

（3）加强检疫、消毒，坚持“四消、四定”，消灭病原，切断传播途径，鱼种放养前消毒杀菌。有些品种如草鱼，可进行注射或浸泡免疫；

(4) 加强日常管理，合理放养，科学投喂，提高鱼体抗病力；

(5) 针对不同品种、不同病害，定期采用投喂药饵进行预防。

(三) 鱼病诊断

准确快捷地诊断鱼病，对鱼病的控制是非常重要的，只有对症下药，才能起到防治鱼病的作用。常用的鱼病诊断方法有以下几种。

(1) 通过对鱼病发生的季节、养殖阶段、养殖品种不同来诊断鱼病，不同的养殖品种，在不同的养殖阶段（苗种、成鱼阶段），不同的养殖季节，发生的病害是不同的，因此，了解鱼类发病情况，对鱼病的初步诊断是非常有效的方法之一。

(2) 肉眼检查，根据病鱼症状及所看到的大型寄生虫如锚头鳋，中华鳋等来诊断鱼病。

(3) 显微镜检查，对大部分的寄生虫病均可用显微镜来确诊。

(4) 细菌分离鉴定、病毒分离鉴定确诊鱼病，对一些不易诊断的鱼病及疑难病害，可采用此种方法。

(四) 鱼病分类

池塘主要养殖鱼类的病害种类很多，按病原种类来分主要有：细菌性鱼病（烂鳃病、肠炎病、赤皮病、败血症、溃疡病、烂尾病、白头白嘴病、白皮病），病毒性鱼病（草鱼出血病、鲤鱼痘疮病、鲤鱼鳔炎病、鲤春病毒病、传染性胰腺坏死病、传染性造血器官坏死病），寄生虫病（原虫病、蠕虫病、蛭病、钩介幼虫病、中华鳋病、锚头鳋病、鱼虱病、鱼怪病）及真菌和藻类引起的鱼病（水霉病、鳃霉病、卵甲藻病）。

（五）鱼类免疫防病

鱼类虽是低等水生生物，但有较为完全的免疫系统，能产生体液免疫和细胞免疫，为免疫预防提供了物质基础。鱼类免疫接种的目的就是激活鱼体的免疫系统，活化体内淋巴细胞产生免疫作用，诱发免疫应答来抵御病原体的侵袭。目前，我国水产行业中常见的接种方法有浸泡法、注射法、口服法，一般常采用多种接种方式相结合来达到免疫预防疾病的目的。

三、渔用药物使用

（一）用药方法

鱼池施药应根据鱼病的病情、养殖品种、饲养方式、施药目的（是治疗还是预防鱼病）来选择不同的用药方法。主要用药方法有以下6种。

1. 全池泼洒法

全池泼洒法是池塘防治鱼病的最常用方法。它是将整个池塘的水体作为施药对象，在正确计算水量的前提下，选择适宜的施药浓度来计算用药量，然后把称量好的药品用水稀释，均匀泼洒到整个池塘的水体，以治疗鱼病。消毒水体比较全面、彻底，缺点是成本较高。多用于高产精养池塘，低产池在发生严重鱼病时才使用此方法，而且多使用较廉价的药物。

2. 挂袋法

即在投饵台前2~5m呈半圆形区域悬挂药袋4~6个，内装药量以1天之内溶解，不影响鱼前来吃食为原则，可用粗布缝制药袋或直接将小塑料袋包装的药品扎上小眼悬挂使用。此法适用于驯化投饵池塘，防治吃食性鱼类的鱼病，但病鱼后期吃食不好时没有作用。其优点是节省用药成本，操作方便，对水体的污染小。

3. 浸洗法

即在1个容器内（如大塑料盆或搪瓷浴盆）配制较高浓度的药液，然后将鱼放入容器内浸洗一定时间后捞出，能杀灭体表和鳃上的病原体。浸洗时间视鱼类品种、温度、药物种类及浓度灵活掌握。优点是作用强，疗效高，节省用药量。缺点是不能随时进行，只有鱼种分池、转塘时才能使用。

4. 口服法

口服法是驯化养鱼常用的用药方法之一。使用时将药物按饲料的一定比例加入粉料中混合制成颗粒药饵投喂，用于治疗鱼类的内脏病、出血病、竖鳞病等。优点是疗效较彻底，药物浪费少，节省成本。缺点是对病情较重、吃食不好的鱼没有作用。

5. 注射法

注射法多用于亲鱼的催产和消炎，也可用于疫苗注射，一般采用胸腔、腹腔、背部肌肉注射。

6. 涂抹法

涂抹法常使用紫药水或碘，对亲鱼的伤口消炎。

（二）用药量计算

1. 水体计算

采用全池泼洒法，须先准确计算鱼池水体，为此要测量鱼池的长度、宽度和水深，圆形池塘需测出半径，再依下列公式计算体积：

鱼池体积(m^3)= 长度(m)×宽度(m)×平均水深(m)（1）

鱼池水体积(m^3)= 3.14×鱼池半径(m^2)×水深(m)（2）

其中，式（1）适用于方形或长方形鱼池；式（2）适用于圆形鱼池。

需要说明的是方形鱼池一般是有坡度的，其横断面呈梯形，在计算体积时其长度和宽度的测量应以水面至池底的1/2处为准。

2. 用药量的计算

全池泼洒用药量(g)=池水体积(m^3)×用药浓度(mg/L)

浸洗用药量(g)=用水量(m^3)×浸洗药浓度(mg/L)

日服药量（g)=鱼池载鱼量(kg)×鱼的日服药剂量(g/kg 体重)

混饲配制浓度(%)=日服药量/(载鱼量×日投饵率)×100%

3. 常用渔药及用法用量

水产养殖过程中渔药使用应严格遵守《无公害食品渔用药物使用准则（NY5071—2002）》的规定，严禁使用违禁药物。池塘养殖常用渔药、渔药用途、用法用量及注意事项见表2-6。

表2-6　渔用药物使用方法

渔药名称	用途	用法与用量	休药期/天	注意事项
氧化钙（生石灰）calcii oxydum	用于改善池塘环境，清除敌害生物及预防部分细菌性鱼病	带水清塘：200～250mg/L（虾类：350～400mg/L） 全池泼洒：20mg/L（虾类：15～30mg/L）		不能与漂白粉、有机氧、重金属盐、有机结合物混用
漂白粉 bleaching powder	用于清塘、改善池塘环境及防治细菌性皮肤病、烂鳃病出血病	带水清塘：20mg/L 全池泼洒：1.0～1.5mg/L	≥5	1. 勿用金属容器盛装 2. 勿与酸、铵盐、生石灰混用
二氯异氰尿酸钠 sodium dichloroisocyanurate	用于清塘及防治细菌性皮肤病溃疡病、烂鳃病、出血病	全池泼洒：0.3～0.6mg/L	≥10	勿用金属容器盛装
三氯异氰尿酸 trichlorosisocyanuric acid	用于清塘及防治细菌性皮肤病溃疡病、烂鳃病、出血病	全池泼洒：0.2～0.5mg/L	≥10	1. 勿用金属容器盛装 2. 针对不同的鱼类和水体的pH值，使用量应适当增减

（续表）

渔药名称	用途	用法与用量	休药期/天	注意事项
二氧化氯 chlorine dioxide	用于防治细菌性皮肤病、烂鳃病、出血病	浸浴：20～40mg/L，5～10分钟，全池泼洒：0.1～0.2mg/L，严重时：0.3～0.6mg/L	≥10	1. 勿用金属容器盛装 2. 勿与其他消毒剂混用
二溴海因	用于防治细菌性皮肤病和病毒性疾病	全池泼洒：0.2～0.3mg/L		
氯化钠（食盐）sodium choiride	用于防治细菌、真菌或寄生虫疾病	浸浴：1%～3%，5～20分钟		
硫酸亚铁（硫酸亚铁、绿矾、青矾）ferrous sulfate	用于治疗纤毛虫、鞭毛虫等寄生性原虫病	全池泼洒：0.2mg/L（与硫酸铜合用）		1. 治疗寄生性原虫病时需与硫酸铜合用 2. 乌鳢慎用
高锰酸钾（锰酸钾、灰锰氧、锰强灰）potassium permanganate	用于杀灭锚头鳋	浸浴：10～20mg/L，15～30分钟，全池泼洒：4～7mg/L		1. 水中有机物含量高时药效降低 2. 不宜在强烈阳光下使用
四烷基继铵盐络合碘（季铵盐含量为50%）	对病毒、细菌、纤毛虫、藻类有杀灭作用	全池泼洒：0.3mg/L（虾类相同）		1. 勿与碱性物质同时使用 2. 勿与阴性离子表面活性剂混用 3. 使用后注意池塘增氧 4. 勿用金属容器盛装
大蒜 crow's treacle，garlic	用于防治细菌性肠炎	拌饵投喂：10～30g/kg体重，连用4～6天（海水鱼类相同）		
大蒜素粉（含大蒜素10%）	用于防治细菌性肠炎	0.2/kg体重，连用4～6天（海水鱼类相同）		

（续表）

渔药名称	用途	用法与用量	休药期/天	注意事项
大黄 medicinal rhubarb	用于防治细菌性肠炎、烂鳃	全池泼洒：5～4.0mg/L 拌饵投喂：5～10g/kg 体重，连用4~6天		投喂时常与黄芩、黄柏合用（三者比例5：2：3)
黄芩 raikai skullcap	用于防治细菌性肠炎、烂鳃、赤皮、出血病	拌饵投喂：2～4g/kg 体重，连用 4～6天		投喂时常与大黄、黄芩合用（三者比例为2：5：3)
黄柏 amur corktree	用于防治细菌性肠炎、出血	拌饵投喂：2～6g/kg 体重，连用 4～6天		投喂时常与大黄、黄芩合用（三者比例为3：5：2)
五倍子 chinese sumac	用于防治细菌性烂鳃、赤皮、白皮、疖疮	全池泼洒：2～4mg/L		
穿心莲 common andrographis	用于防治细菌性肠炎、烂鳃、赤皮	全池泼洒：15～20mg/L，拌饵投喂：10～20g/kg 体重，连用4~6天		
苦参 lightyellow sophora	用于防治细菌性肠炎、竖鳞	全池泼洒：1.0～1.5mg/L，拌饵投喂：1～2g/kg 体重，连用4~6天		
土霉素 oxytetracycline	用于治疗肠炎病、弧菌病	拌饵投喂：50～80mg/kg 体重，连用4~6天（虾类：50～80mg/kg 体重，连用 5～10天)	≥21（鲶鱼)	勿与铝、镁离子及卤素、碳酸氢钠、凝胶合用
噁喹酸 oxslinic acid	用于治疗细菌肠炎病、赤鳍病、对虾弧菌病，鲈鱼结节病	拌饵投喂：10～30mg/kg 体重，连用5～7天（对虾：6～60mg/kg 体重，连用5天)	≥21（鲤鱼）≥16（其他鱼类)	用药量不同的疾病有所增减

（续表）

渔药名称	用途	用法与用量	休药期/天	注意事项
磺胺嘧啶（磺胺哒嗪）sulfadiazine	用于治疗鲤科鱼类的赤皮病、肠炎病、海水鱼链球菌病	拌饵投喂：100mg/kg 体重连用 5 天		与甲氯苄氨嘧啶（TMP）同用，可产生增效作用
磺胺甲噁唑（新诺明、新明磺）sulfamethoxazole	用于治疗鲤科鱼类的肠炎病	拌饵投喂：100mg/kg 体重，连用 5~7 天		1. 不能与酸性药物同用 2. 与甲氧苄氨嘧啶（TMP）同用，可产生增效作用 3. 第一天用量加倍
磺胺间甲氧嘧啶（制菌磺、磺胺-6-甲氧嘧啶）sulfamonomethoxine	用鲤科鱼类的竖鳞病、赤皮病、及弧菌病	拌饵投喂：50~100mg/kg 体重，连用 4~6 天		1. 与甲氧苄氨嘧啶（TMP）同用，可产生增效作用 2. 第一天用量加倍
氟苯尼考 florfenicol	用于治疗细菌性疾病	拌饵投喂：10.0mg/kg 体重，连用4~6天		
聚维酮碘（聚乙烯吡咯烷酮碘、皮维碘、PVP-1、伏碘）（有效碘 1.0%）povidone-iodine	用于防治细菌烂鳃病、弧菌病、鳗鲡红头病。并可用于预防病毒病：如草鱼出血病、传染性胰腺坏死病、传染性造血组织坏死病、病毒性出血败血症	全池泼洒：幼鱼、幼虾：0.2~0.5mg/L 成鱼、成虾：1~2mg/L 浸浴：草鱼种：30mg/L，15~20 分钟鱼卵：30~50mg/L		1. 勿与金属物品接触 2. 勿与季氨盐类消毒剂直接混合使用

注 1：用法与用量栏未标明虾类的均适用于淡水鱼类

2：休药期为强制性

四、常见鱼病防治

（一）车轮虫、斜管虫疾病

1. 病原病症

车轮虫、斜管虫疾病由卵形车轮虫、微小车轮虫、斜管虫等寄生而引起的鳃病。这些原虫对幼鱼和成鱼都可感染，鳜鱼鱼苗培育阶段较为常见，在鱼种阶段最普遍，严重时成“跑马病”。虫体常成群地聚集在鳃丝边缘或鳃丝缝隙里，使鳃丝腐烂，严重影响鱼的呼吸机能，使鱼死亡。

2. 防治方法

（1）鳜鱼鱼苗可通过泼洒兽用福尔马林进行杀灭，推荐用药剂量 0.6mg/L。

（2）每立方米池水用 0.5g 硫酸铜和 0.2g 硫酸亚铁全池泼洒，可杀死鳃上车轮虫。

（3）最好第二天用二氧化氯、二溴海英、聚维酮碘等对水全池泼洒，以防继发感染烂鳃病，用法用量见说明书。

（二）指环虫病

1. 病原病症

指环虫病是由指环虫寄生在鱼鳃上引起的鳃病。病鱼大量感染指环虫时，鳃丝黏液增多，鳃丝全部或部分苍白，妨碍鱼的呼吸，有时可见大量虫体挤出鳃外。鳃部显著肿胀，鳃盖张开，病鱼游动缓慢，直至死亡。

2. 防治方法

（1）鱼种放养前，每立方米水体用高锰酸钾 20g 洗浴 10~30 分钟。

（2）用 90%晶体敌百虫 0.2~0.5mg/L 全池遍洒，对杀灭指环虫也有很好效果。

（3）最好是用指环净对水全池泼洒，用法用量见说明书或遵医嘱，杀虫后第三天用二氧化氯、二溴海英、聚维酮碘等对水全池泼洒，以防继发感染烂鳃病。

(三) 锚头鳋病

1. 病原病症

锚头鳋病是由多种锚头鳋寄生而引起的鱼病。常见的有寄生在鲢鱼、鳙鱼体表的多态锚头鳋，寄生在草鱼鳞片下的鲩锚头鳋，寄生在鲤鱼、鲫鱼、金鱼、乌鳢等鱼体的鲤锚头鳋。锚头鳋体大、细长，呈圆筒形，肉眼可见。锚头鳋把头钻入鱼体汲取营养，使鱼消瘦。被钻入部位鳞片破裂，皮肤肌肉组织发炎红肿，如遇低温往往有水霉菌侵入丛生。1 条 6~9cm 长的鱼种，如有 3~5 条锚头鳋寄生，就能引起死亡。

2. 防治方法

用氯氰菊脂溶液、精博混杀灵、虫菌强杀、敌百虫辛硫磷粉等对水全池泼洒，用法用量见说明书或遵医嘱。施用药物第二天施用二氧化氯片剂进行消毒，对于锚头鳋寄生严重的养殖池塘，需连续施用杀虫药物 2~3 次。

(四) 小瓜虫病

1. 病原病症

小瓜虫病是由多子小瓜虫寄生而引起的鱼病。成虫为球形，全身纤毛均匀，胞口圆形，大核香肠形或马蹄形。病鱼的体表有许多被小瓜虫侵袭而形成的白色小脓疱，故又称白点病。寄生处表皮糜烂、脱落，甚至蛀鳍、瞎眼；病鱼体色发黑、消瘦，游动异常，呼吸困难而死亡。对高密度养殖的幼鱼及观赏鱼为害最为严重。

2. 防治方法

(1) 生石灰彻底清塘消毒，并合理施肥，培养水体浮游动植物增加鱼苗适口饲料，增强鱼苗、鱼种体质，提高抗病能力。

(2) 鱼苗、鱼种（夏花）下塘前如发现寄生有小瓜虫，可

采用20～30mg/L福尔马林药浴5～10分钟，药浴时要增氧。

（3）全池泼洒福尔马林（10～20mg/L），亚甲基蓝（1～2mg/L），连续2～3天，然后加注新水，加注新水后注意水质培肥。

（4）选用大黄、五倍子与辣椒粉合剂药物煎熬后全池泼洒。

（五）低氧综合征

1. 病因病症

低氧综合征是由于氮循环受阻，氨氮和亚硝酸盐超高而溶氧偏低，水质变坏发黑、发臭或“转水”，鱼表现为减食或停食，夜晚甚至大白天“老泛头”，躲避增氧机，先是少数鱼在池边抽搐而死，继而大批死亡，造成“泛池”。

2. 防治方法

（1）改变养殖模式。摒弃传统的施肥养鱼，畜禽粪便养鱼，调整池塘养殖结构，增加名特优水产品养殖，降低养殖密度，实现水产养殖提质增效，减量增收。

（2）调节水质。平常采用开增氧机；加新水排底水；施生石灰、底安、净水宝、精博神菌等方法控制好水质，能够有效预防低氧综合征的发生。

（3）及时治疗。一旦发生“老泛头”要及时检测水质，针对不同情况施用固粒氧、水仙、硝氨净、益菌多、解毒救星、VC应激灵等解救。

（六）细菌性败血症

1. 病因病症

细菌性败血症由嗜水单胞菌，温和气单胞菌，鲁克耶尔森菌引起。该病是我国近年来淡水养殖鱼类危害最严重的疾病之一，在全国各地均有流行，主要淡水养殖品种均感染，流行季节为3—11月，6—8月是发病高峰期，严重时死亡率达80%以上；该病是我国养鱼史上为害品种最多，为害鱼龄范围最大，流行地域最广，流行季节最长，为害养鱼水域类别最多和造成经济损失最严重的一种急性传染性疾病，而且一旦爆发，药物治疗很难控制病情发展。发病早期，病鱼的口腔、颌部、鳃盖、眼眶、鳍条及鱼体两侧，腹部轻度充血，肌肉有出血点，同时，腹腔内有积水，肠道内有少量食物，随着病情加重，眼眶周围充血，眼球突出，腹部膨大、红肿，腹腔内有大量积水，肝、脾、肾肿大，并伴有出血点，肌肉出现出血斑，肠道壁充血，肠道内无食物，镜检观察，病鱼红细胞肿胀，有突发性溶血，在肝、脾、肾中均有较多的血源性色素沉着。

2. 防治方法

（1）彻底清塘，清除过厚的淤泥是预防该病的主要措施，冬季进行干塘清淤晒塘，并用生石灰或漂白粉，强氯精彻底消毒以杀灭部分病原，并可改善水体环境。

（2）加强日常管理，发病鱼池使用过的工具要消毒，病鱼、死鱼不要到处乱扔，要进行深埋或焚烧处理，同时，要科学投喂优质饵料，以提高鱼体的抗病能力。

（3）鱼病流行季节，每隔 15 天全池泼洒生石灰或漂白粉，强氯精，二氧化氯，食场也要定期进行消毒。

（4）内服药以氟苯尼考搭配多西环素，用量为每 100g 吃食鱼分别为 2g、10g、5g 制成药饵，连续投喂 3～5 天，药饵投喂前应停食 1 天。

（5）鱼种放养前，可使用嗜水气单胞菌灭活疫苗浸泡或注射鱼体，可提高养殖鱼类成活率 20%～30%。

（七）细菌性烂鳃病

1. 病因病症

细菌性烂鳃病主要由柱状屈桡杆菌感染所致，对主要淡水养殖品种都有为害，一般在水温 15℃以上开始流行，常与赤皮病，肠炎病并发。体色发黑鳃丝肿胀、坏死、腐烂，软骨外露，黏液

分泌增多，鳃瓣边缘黏附大量淤泥，鳃盖内外表面充血、出血，中间腐蚀形成圆形或椭圆形的透明小窗，俗称“开天窗”。

2. 防治方法

（1）清塘消毒，尽可能杀死池塘中该病原的存在。

（2）该病原在0.7%以上的食盐浓度中难以生存，因此，鱼种放养前可用2%~2.5%的食盐浸泡处理。

（3）定期用生石灰全池泼洒，每亩1m深水用生石灰20~25kg；也可用二氧化氯全池泼洒，每亩1m深水用二氧化氯200g。

（4）用抗菌药饵投喂，每次3~5天，药饵投喂前应停食1天。

（八）竖鳞病

1. 病原病症

竖鳞病由水型点状极毛杆菌引起。病鱼体表用手摸有粗糙感，鱼体鳞片张开像松球，鳞的基部水肿，以致鳞片竖起。用手指在鳞片上稍加压力，渗出液就从鳞片基部喷射出来。金鱼、锦鲤等均有此病发生。

2. 防治方法

（1）鱼体受伤是此病发生的主要原因之一，因此，在牵捕、搬运、放养等操作时，要严防鱼体受伤。

（2）外用百毒清、二氧化氯、溴氯海英、强氯精、氯杀灵等任何一种对水全池泼洒，用法用量见说明书或遵医嘱。

（九）白头白嘴病

1. 病原病症

白头白嘴病由一种黏球菌引起。病鱼自吻端至眼前的头部前端呈乳白色。唇似肿胀，嘴张闭不灵活，因而造成呼吸困难，口圈周围的皮肤腐烂，稍有絮状物黏附其上。病鱼体瘦发黑，反应迟钝，常停留在下风处近岸边，不久死亡。大部分淡水养殖品种的鱼苗和夏花鱼种均能发病，是常见的严重鱼病。

2. 防治方法

（1）立即分塘。

（2）外用生石灰对水全池泼洒，每亩一米水深用25kg。

（3）外用聚维酮碘对水全池泼洒，用法用量见说明书或遵医嘱。

（4）外用二氧化氯对水全池泼洒，用法用量见说明书或遵医嘱。

（5）外用百毒清对水全池泼洒，用法用量见说明书或遵医嘱。

（十）鳜虹彩病毒病

1. 病原病症

病原主要是鳜传染性肝、肾坏死病毒。感染虹彩病毒的鳜鱼：体表症状不明显或者口腔周围、鳃盖、鳍条基部、尾柄处充血。有的病鱼眼球突出，有蛀鳍现象。濒死鱼鳃盖张开，呼吸变快，身体失衡，鳃丝变白，少部分鱼体色变黑。解剖可见肝脏、脾脏和肾脏肿大，并有出血点，肠壁充血或出血，肠内充满黄色黏稠物。

2. 防治方法

一般感染该病毒的病鱼无较好的医治药物，对于出现该病症的池塘采取如下措施。

（1）停止投饵，塘中饵料鱼吃完为止。

（2）对养殖池塘进行换水或加注新水，排出的池塘肥水需用药物进行彻底消毒后方可排除，本池养殖用水切忌混入其他养殖池塘。

（3）向池塘中泼洒发酵液（或者菌优碳源+生物絮团培养剂）。

（4）对病死鱼及时捞出，掩埋，做好无害化处理工作。

（十一）草鱼出血病

1. 病原病症

草鱼出血病由呼肠弧病毒科病毒引起。草鱼出血病是一种严重为害当年草鱼和2龄草鱼的传染性病毒病，具有流行范围广，发病季节长，发病年度和死亡率高等特点，严重时死亡率可达80%以上；流行水温20~33℃，最流行水温27~30℃；成鱼养殖一般在6月至9月下旬为流行季节，当年鱼种培养至8月后开始发病，9月为发病高峰期。病鱼食欲减退，离群独游，严重时完全停止吃食；病鱼体色发黑，尤其头部，背部，在水中尤为明显，有时尾鳍边缘处可见褪色，背部两侧也会出现条白色浅带；口腔，上下颌，头顶部，眼眶周围，鳃盖、鳃及鳍条基部明显充血，眼球充血，肛门红肿外突，剥去皮肤，可见肌肉呈点状或块状充血，出血，严重时全身肌肉呈紫红色，剖开鱼腹检查，病鱼各组织器官均有不同程度的充血出血现象，肠壁充血，但仍具韧性，无食物。

2. 防治方法

（1）注射草鱼出血病组织浆灭活疫苗。

（2）浸泡草鱼出血病细胞弱毒疫苗。

（3）选用一些抗病毒中草药如大黄、黄芩、地榆，黄柏熬水后，拌食料投喂，对该病的治疗有一定效果，但病情严重时，效果不明显。

（4）使用含碘消毒剂（如聚维酮碘，聚铵盐络合碘等）全池泼洒杀灭病毒病原。

（5）加强饲养前管理，进行生态防病，定期加注清水，泼洒生石灰，高温季节注满池水，以保持水质清新，池面与池底有温差；投喂优质适口饲料，注意精饲料和青饲料的搭配，对食物进行定期消毒。

（十二）锦鲤疱疹病毒

1. 病原病症

由锦鲤疱疹病毒（疱疹病毒Ⅲ型）引起，主要感染养殖锦鲤及鲤鱼。发病水温24～28℃，当水温超过30℃不再发病。病鱼眼球凹陷，头部萎缩，头和背部发黑，尤其头部最明显，体表无其他病症，发病初期，鳃部黏液增多，和正常鳃没多大区别，眼睛凹陷也不明显，随着病情发展，眼睛凹陷明显，鳃片局部坏死呈白色，多在鳃丝根部和最里层的鳃片上，要仔细观察，解剖鱼，多有脂肪肝，肝脏有出血点，肠道发红。

2. 防治方法

（1）定期用肥水救星和池底救星调节水质，使水保持良好状态。

（2）合理使用增氧机，特别是晴天中午一定要坚持开机2～3小时，减少底部氧债。

（3）合理投放鱼种的数量，和使用饲料，不能盲目追求生长速度。

（4）定期内服板黄散保肝排毒，提高鱼的免疫力。

（5）停料，先用解毒抗应激药物（如解毒应激安等），第二天施用五倍子末，每亩1m水深用200g，傍晚复合碘每亩100mL，连用2～3天。待病情稳定后再开始投料，投喂量为鱼体重的1%，饲料中加入板黄散和多维，连用5～7天，保肝排毒，提高免疫力。

（十三）鲤春病毒病

1. 病原病症

病原由鲤弹状病毒感染鲤鱼所致，主要为害各种规格的鲤鱼，水温是鲤春病毒感染的关键，主要流行在春季水温13～20℃，最适水温16～17℃，当水温上升到23℃时，仅幼鱼会感染发病，成鱼则不再感染发病。流行季节该病在鲤鱼苗种阶段的发病率可达100%，死亡率可达50%以上，成鱼和亲本养殖阶段，

也可发生该病，但通常死亡率很低，对生产不会造成很大为害。病鱼呼吸和运动减缓，体色发黑，皮肤和鳃上有大量出血斑点或斑块，鳃丝呈淡红色或灰白色，眼球突出和出血，腹部肿大，肛门红肿，剖开腹部，腹腔内有大量的带血腹水，肠壁充血发炎，其他器官肿大，颜色变淡，鱼鳔出血点最为严重。

2. 防治方法

（1）彻底进行清塘消毒，杀灭淤泥中的病毒。

（2）杀灭水中虱和水蛭，能从传播途径上减少该病的发生。

（3）全池泼洒含碘制剂，可有效控制该病的发生和流行。

（十四）水霉病

1. 病原病症

病原由水霉，棉霉感染所致，一年四季都可发生，以早春和晚冬最易发生，对各种养殖品种的鱼卵、鱼苗、鱼种和成鱼都可造成损伤。菌丝以从伤口侵入鱼体，肉眼看不出异常，当肉眼看到向外长出的棉花状菌丝时，菌丝已深入肌肉，蔓延扩展，病鱼表现为焦躁不安，食欲减退，鱼体消瘦，直至死亡。

2. 防治方法

（1）受伤是该病发生的主要诱因，因此，规范操作避免鱼体受伤是杜绝该病的重要措施。

（2）鱼苗、鱼种下塘前用2%的食盐水浸泡10~20分钟，有助于鱼体伤口的消毒、愈合，但要防止浸洗过程中缺氧。

（3）全池泼洒新洁尔灭0.5~1.0 g/m^3。

（4）全池泼洒单链季铵盐碘0.5 mg/m^3。

（5）全池泼洒硫醚沙星0.01~0.02mL/m^3。

五、水产品质量安全

鱼类病害的发生与许多因素有关，用药效果也受诸多因素的制约，药物对人类的健康、水域生态环境及水产品质量安全具有深远的影响，因此，安全用药，是病害防治工作的重中之重，就目前情况而言，水产药物大多以兽药、农药演变而来，对药物在鱼体内的代谢规律缺乏研究，因此，水产养殖生产、运输环节的技术人员，对养殖技术，病害诊断，药物特点，适用范围，使用方法及国家有关法律、法规等应有较为全面地了解和掌握。对养殖过程中的病害问题，一定要落实好各项预防措施，一旦发生病害应及时作出正确的诊断，科学合理地选择药物和使用方法，减少药物在生物体内的残留和对养殖环境的影响，只有这样，才能确保水产品质量安全和养殖生产效益。

（一）严禁使用禁用药物

在病害防治过程中，要严格遵守国家的有关法律、法规，禁止使用那些对人类健康、生态环境及水产品质量安全造成巨大危害的药物。《无公害食品渔用药物使用准则（NY5071-2002）》中规定严禁使用高毒、高残留或具有三致毒性（致癌、致畸、致突变）的渔药。严禁使用对水域环境有严重破坏而又难以修复的渔药，严禁直接向养殖水域泼洒抗生素，严禁将新近开发的人用新药作为渔药的主要或次要成分。主要禁用药物，见表 2-7。

表 2-7　禁用渔药

药物名称	化学名称（组成）	别名
地虫硫磷 Fonofos	0-2 基-s 苯基二硫代磷酸乙酯	大风雷
六六六 BHC（HCH） Benzem，bexachloridge	1，2，3，4，5，6-六氯环乙烷	
林丹 lindane， agammaxare，gamma-BHC，gamma-HCH	y-1，2，3，4，5，6-六氯环乙烷	丙体六六六
毒杀芬 camphechlor（ISO）	八氯莰烯	氯化莰烯

（续表）

药物名称	化学名称（组成）	别名
滴滴涕 DDT	2，2-双（对氯苯基）-1，1，1-三氯乙烷	
甘汞 calomel	二氯化汞	
硝酸亚汞 mercurous nitrate	硝酸亚汞	
醋酸汞 mercuric acetate	醋酸汞	
呋喃丹 carbofuran	2，3-氢-2，二甲基-7-苯并呋喃-甲基氨基甲酸酯	可百威、大扶农
杀虫脒 chlordimeform	N-（2-甲基-4-氯苯基）N′，N′-二甲基甲脒盐酸盐	克死螨
双甲脒 anitraz	1，5-双-（2，4-二甲基苯基）-3-甲基1，3，5-三氮戊二烯-1，4	二甲苯胺脒
氟氯氰菊酯 flucythrinate	（R，S）-α-氰基-3-苯氧苄基-（R，S）-2-（4-二氯甲氧基）-3-甲基丁酸酯	报好江乌 氟氯菊酯
五氯芬钠 PCP-Na	五氯酚钠	
孔雀石绿 malachite green	C（23）H（25）CIN（2）	碱性绿、盐基快绿、孔雀绿
锥虫胂胺 tryparsamide		
酒石酸锑钾 anitmonyl potassium tartrate	酒石酸锑钾	
磺胺噻唑 sulfathiazolum ST，norsultazo	2-（对氨基苯碘酰胺）-噻唑	消治龙
磺胺脒 sulfaguanidine	N（1）-脒基磺胺	磺胺胍
呋喃西林 furacillinum，nitrofurazone	5-硝基呋喃醛缩氨基脲	呋喃新
呋喃唑酮 furacillinum，nifulidone	3-（5-硝基糠叉胺基）-2-（口恶）唑烷酮	痢特灵

（续表）

药物名称	化学名称（组成）	别名
呋喃那斯 furanace，nitrofurazone	6-羟甲基-2-［-5-硝基-2-呋喃基乙烯基］吡啶	p-7138 （实验名）
氯霉素（包括其盐、酯及制剂）chloramphennicol	由委内瑞拉链霉素生产或合成法制成	
红霉素 erythromycin	属微生物合成，是 streptomyces eyythreus 生产的抗生素	
杆菌肽锌 zinc bacitracin premin	由枯草杆菌 Bacillus stubtills 或 B. leicheniformis 所产生的抗生素，为一含有噻唑环的多肽化合物	枯草菌肽
泰乐菌素 tylosin	S. fradiae 所产生的抗生素	
环丙杀星 ciprofloxacin（CIPRO）	为合成的第三代喹诺酮类抗菌药，常用盐酸盐水合物	环丙氟哌酸
阿伏帕星 avoparcin		阿伏霉素
喹乙醇 olaquindox	喹乙醇	喹酰胺醇羟乙喹氧
速达肥 fenbendazole	5-苯硫基-2-苯并咪唑	苯硫哒唑氨甲基甲酯
己烯雌酚（包括雌二醇等其他类似合成等雌性激素）diethylstilbestol，stilbestrol	人工合成的非自甾体雌激素	乙烯雌酚，人造求偶素
甲基睾丸酮（包括丙酸睾丸素、去氢甲睾酮以及同化物等雄性激素）methyltestosterone，metandren	睾丸素 C（17）的甲基衍生物	甲睾酮，甲基睾酮

（二）合理使用限用药物

农业农村部 235 号公告中规定了下列兽药用于鱼类病害防治（表 2-8），产品上市前必须严格控制其残留量，保证其药物残留

不超过公告中所标明的残留限量。

表 2-8　兽药中渔用药物在鱼类中最高残留量的规定

药物名	残留限量（μg/kg）	主要用途
阿莫西林	50	消炎、杀菌
氨苄西林	50	消炎、杀菌
苄星青霉素/普鲁卡因青霉素	50	消炎、杀菌
氯唑西林	300	消炎、杀菌
达氟沙星	100	消炎、杀菌
溴氰菊酯	30	杀虫
二氟沙星	300	消炎、杀菌
恩诺沙星	100	消炎、杀菌
红霉素	200	消炎、杀菌
氟苯尼考	1 000	消炎、杀菌
氟甲喹	500	消炎、杀菌
氟胺氰菊酯	10	杀虫
苯唑西林	300	消炎、杀菌
噁喹酸	300	消炎、杀菌
土霉素/金霉素/四环素	100	消炎、杀菌
沙拉沙星	10	消炎、杀菌
磺胺类	100	消炎、杀菌
甲砜霉素	50	消炎、杀菌
甲氧苄啶	50	消炎、杀菌

如何科学合理使用限用药物，主要遵循以下几个原则。

（1）根据发病症状和病原来对疾病作出正确诊断，是正确选用药物和获得良好药物疗效的基础，可以有效避免滥用渔药、或盲目增大药量、或增加用药次数、延长用药时间等错误操作。

（2）了解药物的适用性和理化特性以及影响药物效果的相关因素，是科学用药的另一个重要方面。渔药的使用方法很多，一般有全池泼洒法、局部泼洒法、挂（篓）袋法、浸泡法、涂抹法、混饲口服法和注射法等。用药过程中要根据疾病和药物不同，选择最有效的办法，以达到最佳的用药效果。

（3）了解和掌握病原菌耐药状况的变化，是准确使用抗生素类药物的前提。耐药性是指细菌与药物接触后产生对药物抵抗力，使其对药物的敏感性下降直至消失，致使药物的疗效降低至无效。

（4）鱼类病害防治要遵循“以防为主，防治结合”“无病先防，有病早治”的原则。

（三）严格执行休药期

各种药物进入水产动物体内之后，均会出现一个逐渐衰减、降解的过程，因为药物的种类，水域环境及养殖品种的不同，药物在水产动物体内的代谢过程所需要的时间长短也不同。在使用药物时，一定要注意休药期，休药期是指产品上市前停止用药的时期，每种药物都有相应的休药期，在药物使用说明上均有标明，一般在1~3个月，休药期的长短，应以确保上市水产品的药物残留限量符合国家相关法律、法规标准要求为前提，如NY5070《无公害食品 水产品中渔药残留限量》及国家无公害水产品的标准等。

第五节　养殖场日常管理

一、生产记录与档案管理

水产养殖档案是养殖企业工作人员在从事免疫、生产、饲料

渔药使用、消毒、诊疗、防疫检测、病死水产品无害化处理及其各项活动中形成的具有保存价值的文字记录。养殖档案是养殖企业科学决策的依据，是养殖企业无形资产的重要组成部分，是养殖企业效益计量统计的基础。水产养殖档案为水产养殖企业生产经营服务，推动水产养殖企业经济规模，使之健康发展具有重要意义和长远的历史意义。

（一）档案的作用

水产养殖档案是养殖生产过程的一项基础性资料，建立和完善养殖档案，能及时掌握鱼苗放养捕捞、投入品使用情况，有效地指导养殖生产，实现标准化操作。养殖档案是落实水产品质量责任追究制度，保障水产品质量的重要基础，是加强水产养殖场管理，建立和完善水产品质量安全监管可追溯体系，保持水产业的持续、快速、健康发展的基本手段。作为养殖企业提高对养殖档案的认识，重视养殖档案的记录，充分利用养殖档案，对企业发展有着深远影响。

1. 定期分析利用水产养殖档案，提高管理水平

在制定养殖场发展规划时，必须对水产养殖企业现状进行分析，依据完整真实的水产养殖档案数据，科学准确地制订中远期发展思路和目标，规划发展指标，确定发展阶段和重点建设领域，提出具体措施，这些工作的进行，均是依据水产养殖档案完整性和真实性的基础上，确保提出的目标合理，指标可行，重点突出，操作性强的目的。

2. 建立水产品质量安全追溯体系

水产养殖企业的根本竞争力是生产无公害无兽药残留的优质水产品，水产品的质量是水产养殖企业的生命，靠品质树立信誉，以信誉开拓市场是水产养殖企业的发展之道，而水产养殖档案水平的高低，是检验水产品质量管理水平的主要标志之一，优质的水产品离不开一流水产养殖档案的支持。

3. 水产养殖档案可以维护养殖企业的信誉

我国现行的司法理念简述之为“告诉制”即不告不诉，且是“谁主张，谁举证”。对证据的确认、采信，直接关系到审判的结果。所以，对原告和被告来说，谁能完成举证责任是至关重要的一环。因此，取证、索证无时不有，就看从领导到普通员工有没有法制意识与悟性。对身边的小事、碎事留个心，每一步都能完成到位。例如，检疫原件、疫苗兽药饲料的购买凭证和其产品的合格凭证的保留。如果有进行无害化处理的水产品，一定要按照水产养殖档案上填写清楚。这样就可以追溯清楚事情原委，使企业能够维护自身的合法权益。

4. 利用水产养殖档案创造属于自己的企业文化

水产养殖企业要想可持续发展，就需要文化的传承。就像百年老店之所以长盛不衰，靠的就是其独具特色的文化，水产养殖企业的文化从哪里来？只有从企业的历史中积淀和提炼出来，而完整的水产养殖档案，是水产养殖企业发展的真实记录和见证，是展示企业文化的生动媒介，是提炼水产养殖企业价值理念的素材，是水产养殖企业文化的重要组成部分。一方面为水产养殖企业文化建设提供了依据和生动真实的教材；另一方面其本身也是水产养殖企业文化建设一种精神成果，有力促进了水产养殖企业文化建设。实践证明，用好水产养殖档案，用活水产养殖档案，可以推动水产养殖企业稳步、健康、协调、快速向前发展。

（二）养殖日志的内容设计规范

建立和完善养殖档案记录，实现规范化标准化管理。水产养殖档案主要有五大内容。

（1）苗种放养记录主要填写放养日期、品种、苗种来源、检疫合格证编号、苗种规格、投苗数量等，档案式样，见表2-9。

（2）饵料投喂记录主要填写投喂日期、天气、饵料名称、生产厂家、生产日期、投喂量、摄食情况等，档案式样，见表

2-10。

(3) 用药记录主要填写日期、天气、用药原因和目的、药品名称、生产厂家、批号、用药量、用药方式、用药反应等，档案式样，见表2-11。

(4) 日常管理记录主要填写放养日期、天气、水温、巡查情况、苗种规格、鱼活动情况、摄食情况、病死鱼情况及处理方法等，档案式样，见表2-12。

(5) 销售记录主要填写日期、品种、规格、捕捞数量、销售数量、购买方、联系方式等，档案式样，见表2-13。

一般每页表格有31行，可供记录1个月的生产情况，同时，也方便查阅。

相关的监管与执法部门对养殖场的日常监督检查也有监督检查档案，包括检查时间、执法人员、检查内容、发现问题以及整改时限等，养殖场也应保留一份存档。

一本完整的养殖档案除了应全面记录日常生产管理的各个方面，还应该设计好封面目录等，使养殖档案尽量方便、实用，并附上养殖场的基本情况和养殖场平面示意图。

封面：养殖场养殖档案封面应将养殖场名称、水产品种类、启用时间、管理人等记录清楚。

目录：养殖档案应设立目录，便于记录与查阅。

养殖场基本情况：主要有建场时间、占地面积、生产区面积、池塘面积、职工总人数、技术人员人数、通信地址、法人代表、联系电话等。

养殖场平面示意图：养殖场应绘制养殖池塘平面示意图装订于养殖档案内，便于了解养殖场整体布局。

(三) 养殖日志的填报要求与管理

养殖日志应安排专人负责填写。填写应及时、真实、准确，字迹工整；用黑色或者蓝色签字笔填写；不得撕毁或涂改记录，记录有误确实需要更改时，应用横线画去原有字迹并在上方重新填写，更改处应能看清画去的字迹并由更改人签字，更改不得用涂改液；填写不应留有空格，如无内容填写，用“/”表示，内容与上项相同应重复抄写，填写的记录应由单位负责人审核并签字。

养殖档案的有效性是建立在养殖日志填写真实、准确和养殖档案的管理严谨、科学的基础上。一般对养殖档案的管理要做到以下几点。

（1）设置养殖档案专卷专柜，并专人管理。

（2）对养殖、生产和防疫各环节及时、准确、如实记录，填写生产和防疫记录表格。

（3）养殖档案管理人员及时收集、汇总、保管生产和防疫记录，并按类别、时间等归类装订成册。

（4）按照无公害生产标准要求，审核生产记录，对于存在问题及时向场长汇报，以便随时纠正。

（5）每项生产和防疫记录最少保留 2 年。

（6）应当销毁的档案应严格按操作规程执行，作好销毁记录，长期保存备查。

水产养殖档案记录如下。

表 2–9　苗种放养记录　　　池号：

日期	品种	苗种来源	检疫合格证编号	苗种规格	放养数量（尾、kg）	备注

（续表）

日期	品种	苗种来源	检疫合格证编号	苗种规格	放养数量（尾、kg）	备注

记录人：　　　　　　　　　　　　　　　　　　　　负责人：

表 2-10　饵料投喂记录　　　　池号：

日期	天气	饵料名称	生产厂家	批号	生产日期	投喂量	摄食情况	备注

记录人：　　　　　　　　　　　　　　　　　　　　负责人：

表 2-11　用药记录　　　　池号：

日期	天气	用药理由（消毒、预防或者疾病症状）	药品名称	生产厂家	批号	用药浓度	用药量	用药方式	用药反应	备注

记录人：　　　　　　　　　　　　　　　　　　　　负责人：

表 2-12　日常管理记录　　池号：

日期	天气	巡塘情况	鱼活动情况	摄食情况	病死鱼情况	处理方法	备注

记录人：　　负责人：

表 2-13　销售记录　　池号：

日期	品种	规格	出池数量（kg）	销售数量（kg）	购买方	联系方式	备注

记录人：　　负责人：

二、病死鱼无害化处理

根据我国有关法律规定，当发生传染性疾病，对发病地区或场所及其染有病原体的动物及动物产品须进行无害化处理，即采

用物理、化学或其他方法杀灭有害生物的方式。患病水生动物常用的处理方法有以下几种。

1. 化制

将患病水生动物放置在特定的场所进行处理，不但消灭病原体，而且还可保留有利用价值的物品，如骨粉、鱼粉、贝壳粉等。

2. 掩埋

操作简单易行，使用率较高。选择干燥、平坦，距离水井、牧场、养殖池及河流的较偏远的地区，挖深 2 米以上的长方形坑，将患病水生动物与生石灰按质量比 4∶1 混埋。具体操作步骤如下。

（1）动物尸体的处理程序。用捞网等工具捞取死亡个体——放入桶内——撒入消毒剂——送到离养殖池 50m 处空地——挖一个深 2m 以上的坑——撒入大量消毒剂——将动物尸体倒入坑中——再撒入消毒剂——压盖泥土，填平，掩埋完毕——清洗工具——晾晒消毒或药物消毒、干燥。

（2）临死动物处理程序。用捞网等工具捞取个体——进行目检——放入桶内——实验室诊断——有保留价值病料——固定保存——备用。无须进行病理保存的个体，在实验室诊断后其处理方式同动物尸体的处理程序。

3. 腐败

将尸体放入专用坑内，让其腐败以达到消毒的目的，同时，也可作为肥料利用。坑有严密的盖子，坑内有通气管。

4. 焚烧

这种方法消毒最彻底，但耗费大，不常用，仅适用特别危险的传染性疾病死亡水生动物的处理。

三、养殖场管理制度

针对现代标准化养殖生产的要求和生产力水平进行规划和设计科学的管理系统，是提高池塘优质、高效生产能力的主要举措，符合水产养殖业发展的总体规划和战略。池塘养殖规范化管理需要科技的支撑，养殖场管理应包括养殖生产的各个方面，一般包括生产管理、人员管理、用电安全管理、设施设备管理、质量管理、财务管理、销售管理等。建立健全的管理体系，明确职责和责任，有利于养殖场的标准化建设。

（一）生产管理

1. 投入品管理

养殖投入品主要包括苗种、饲料和渔药等，投入品的使用直接影响到渔业生产和水产品质量卫生安全。

（1）苗种。外购的受精卵、苗种和亲本应来自于行政主管部门批准并有水产苗种生产许可证的种苗场。自繁苗种的生产过程和产品应符合相关法规和质量标准的规定，并做好种质质量的保护及保存苗种采购记录和苗种自繁记录。

（2）饲料。饲料采购应来源于相关行政主管部门批准的饲料加工企业，对于某些自配饲料的主要原料采购应符合相关行政主管部门的规定。为符合可追溯的要求，应保存所有饲料的采购记录或其他相关文件（如采购合同、发票等），记录包括饲料类别、数量、饲料营养成分表、生产商等内容，并至少保存 2 年。不同种类的特殊饲料、药物饲料和普通饲料应严格区分标示，标示清晰，并且分开堆放。饲料的使用应按照先进先出的原则。渔用饲料的质量、卫生和安全应符合《GB 13078 饲料卫生标准》和《NY 5072 无公害食品 渔业配合饲料安全限量》的要求。

饲料储存需设专用的饲料存放场所，储存场所应干燥、通风、避光。定期清扫检查饲料的储存场所、容器和运输车辆，应

采取适当的控制措施以防止鼠类、害虫及其他动物对饲料可能造成的污染，废弃的发霉或受潮的饲料应安全地处置。

（3）渔药。养殖场的渔药存放应设有专用的渔药仓库，通风良好、干燥、避光，有特殊储存条件（如冷藏）的，应提供专用的储存设备，并能上锁，应符合化学品存放场地的要求。每个养殖场渔药仓库都相应建有渔药清单或药品档案，内容包括每种药的生产商、供应商、使用方式、使用剂量等信息。应针对渔药的进、销、存情况，建立库存台账。

渔药的使用必须按照《NY 5071 无公害食品 渔用药物使用准则》和中华人民共和国农业部公告第193号的规定执行。严禁使用未经取得生产许可证、批准文号、产品质量执行标准的渔药，禁止使用高毒、高残留渔药，禁止使用致癌、致畸、致突变作用的渔药，禁止使用国家明令禁止的渔药。养殖场只能存放法律法规允许的渔药，不得存放违禁药。

（4）肥料。为防止因施肥造成养殖水体富营养化，除苗种培育必须通过施肥培育开口饵料外，成鱼养殖建议少施或不施肥料。不得使用未经国家或省级农业部门登记的化学或生物肥料。

2. 日常管理

应根据养殖场的设施条件和周围环境制定养殖场生产、生活区环境清洁消毒制度，池塘杂物清除和清洁卫生制度。在养殖场的工作场所附近应有固定的洗手设施和厕所，且卫生状况良好，养殖废弃物应分别收集，有毒有害和不可降解物质应分类处理。

制定池塘的水质监测制度，注意培养和调节水质，养殖用水符合《NY 5051 无公害食品 淡水养殖用水水质》要求。

制定巡塘制度，每天坚持早、中、晚3次巡塘，观察池鱼活动情况和水色、水质变化情况，发现问题及时采取措施和确定投饵量，及时清除池边杂草，合理注水，使池水既有丰富的适口天然饵料，又有充足的溶解氧。

疾病防治坚持“以防为主，防重于治”和“无病早防，有病早治”的方针，定期清洁、消毒养殖场池塘、生产工具、食场，避免鱼病暴发。

越冬池一定要有专人管理，定期检查水质、水色、池鱼活动等情况，定期测定水中溶氧量、检查越冬池有无严重漏水现象。越冬池塘冰面禁止人、畜活动，禁止在越冬池塘进行冰下捕捞，避免因惊吓而增加鱼类活动，消耗越冬能量和溶解氧。

3. 生产计划管理

生产计划管理是水产养殖场完成全年任务目标的基础，水产养殖场在制订生产计划时应结合本场的实际情况，又考虑适度发展的原则，合理制订生产计划。水产养殖场的生产计划管理主要有以下几个方面。

（1）制订生产计划和生产操作规程。养殖场要结合市场需求和养殖场实际制订生产计划，要根据生产特点和要求制定生产技术操作规程。在生产过程中认真落实计划并按照操作规程进行生产管理。

（2）落实生产记录。养殖生产过程应有完善的生产记录以便追溯和总结，一般应包括苗种采购、苗种培育、成鱼养殖、饲料投喂、渔药使用。生产记录表：表式统一制定，生产记录员应及时、准确记录、定期汇总归档，并接受监督检查。

（3）资料利用。利用水产养殖场生产技术资料分析总结生产中存在的问题，为制订工作计划提供参考。

（二）人员配备与培训

水产养殖场应建立健全人员管理制度，根据规模设置相应的管理岗位和技术岗位。水产养殖场根据规模制定管理人员岗位，一般应设置行政、财务、业务等管理人员岗位。标准化水产健康养殖场主要负责人应具有4年以上水产养殖及管理的经验，并持有渔业行业职业技能培训中级证书；配备2~3名水产养殖质量

管理员、2~3 名持有渔业行业职业技能培训初级证书的检测人员，主要负责检测和病害防治实验室工作；根据需要配备养殖工人。

养殖场应建立培训与考核制度。养殖场应制定培训考核计划，通过多种方式对本场技术管理和技术操作人员进行培训，并引入竞争机制，定期考核上岗。

水产养殖教育和培训为水产养殖行业提供人力资源方面的支撑，促进了水产养殖业的发展。水产养殖培训内容包括养殖基础知识、技术、安全生产等方面。养殖基础知识的普及培训内容宜广不宜窄，宜浅不宜深，宜形象不宜抽象，注重实用技术培训，多讲怎么做，少讲为什么。培训形式上也要多样化，让技术人员和养殖工人学得会、记得住、用得上。开展养殖基本知识、渔业法律法规、安全生产、经营市场、水面开发利用潜力和效益等方面的信息知识的培训，其形式以舆论信息宣传和课堂广泛辅导为主。如开设专题广播栏目、“专家坐堂”、手机信息、“一线通”电讯直通服务、建立示范基地示范引导等。专题培训也是提高养殖农民岗位工作能力的重要途径，其形式也可灵活多样，包括开办专题技术培训班、现场示范演示、塘头会诊、水产技术人员驻点指导服务、邀请学研院所专家教授科技下乡服务等。从增强培训效果出发，多开展实用型培训。应少课堂、多现场，少些泛泛空谈，多去做给工人看，帮助技术人员和工人解决实际技术难题。除了让职工参加培训外，养殖场一般应订阅水产养殖方面的书籍、期刊等，供全场职工参阅学习。

（三）用电安全管理

水产养殖场需要稳定的电力供应，供电情况对养殖生产影响重大，应配备专用的变压器和配电线路，并备有应急发电设备。水产养殖场的电力配置多包括变压器、高低压线路、配电箱、路灯、发电设备、漏电开关等。

（四）设施设备管理

水产养殖场应建立设施、设备登记管理制度，安排专人负责养殖场的设施设备管理，以保障养殖场的设施设备完好，满足养殖生产需要。水产养殖场的设施设备管理，主要有以下几个方面。

（1）场区管理主要是对场区的环境、卫生、绿化、标志、场地、道路等的管理维护，要保持场区整洁卫生、环境优美。

（2）进、排水系统维护对养殖场的进排水渠道应定期进行整修，及时清除杂物、污泥等易堵塞物，保持水流畅通。经常巡视进水口，及时清除进水口的垃圾和附近的堆物，保持水流畅通。

（3）设备管理建立对增氧、运输、供电、水处理、供水等配套设备的维修保养制度，专人负责，定期检修。

（4）水处理设施管理维护好生态湿地、生态坡等净化系统的动植物生长，控制好密度，定期收割清理，确保水处理的效果。

（5）仪器管理制定实验室规章制度，专人负责养殖场的仪器设备，制定仪器设备的使用登记制度，确保仪器设备满足养殖生产需要。

（五）质量管理

水产养殖场应建立质量管理制度和产品追溯制度，并严格按照制度进行生产管理，保障产品质量满足市场要求和单位利益不被侵害。

养殖场一般要有 1 名质量管理人员，具体实施各项管理工作，定期总结养殖产品的质量情况，接受有关部门的检查。养殖产品在进入市场出售前，要进行质量检测，确保产品质量符合 NY 5070、NY 5073 的规定及相关的国家食用安全卫生标准。

水产养殖场一般应建立从养殖成品到苗种的可追溯体系，及

时记录和妥善保存与生产相关的记录、文件、数据等资料，以保证养殖产品的可溯源性。可追溯体系作为食品安全的基础，是确保养殖水产品在发生食品安全事故需要实施召回措施时的基础保证，也是水产养殖场维护自身利益的一个有力技术手段。

水产养殖场的可追溯体系应能达到从养殖成品、饲养过程、饲料、用药、苗种等有关养殖过程的全程追溯。

（六）财务管理

为了规范养殖场财务管理，强化支出控制，提高会计信息质量，确保各项财务活动有序运行，应制定相关财务制度。主要内容包括如下。

1. 明确职责

养殖场领导人是养殖场财务管理的第一负责人，对本养殖场的会计基础工作负有领导责任；财会人员应对本单位的具体财务收支负责，确保会计信息的真实性和完整性。

2. 账务管理

一是必须按规定设立总分类账、银行存款账、现金日记账，对本养殖场发生的每一笔财务收支业务进行登记，做到日清月结，账目分明，便于检查监督。二是对当月发生的财务收支业务必须进行结账，并将收支情况于次月填写好财务收支报表、整理装订好原始凭证，一并上报法人审核，经审核无误后办理报销手续。

3. 票据管理

养殖场的业务收据统一使用财政部门印制的收费票据，采取定期领销的办法管理。

第三章　大水面生态渔业技术

大水面生态渔业是指依赖湖泊、水库天然饵料生物从事渔业生产并通过这种生产活动维护生态系统健康的渔业方式。在环境保护当先的发展理念下，大水面生态渔业有其深刻的内涵：水生生物群落结构得到调整和优化；生物多样性得到维护；水质良好；生态系统健康；资源的高效和可持续利用；产品安全、环境安全。

第一节　技术背景

一、发展历史

我国内陆水域资源较为丰富，是水产养殖业发展的天然优势。2018 年全国大水面养殖面积 271 万 hm^2，产量 532 万 t，占淡水养殖产量的 18.32%，养殖产量前 5 位分别为江西省、安徽省、广西壮族自治区、江苏省、湖南省。大水面养殖面积（图 3-1）和产量（图 3-2）全国分布情况如下。

20 世纪 50 年代，最初的大水面渔业形成，即是“遇山拾柴，逢水取鱼”的天然渔业，为最原始的捕捞渔业。随着“四大家鱼”的人工繁殖成功，加上自然灾害导致的粮食短缺，大水面养殖应运而生。由于生产力水平较低，此时的大水面渔业是“人放天养”的粗放式养殖。

20 世纪 70 年代，随着养殖技术水平提高，集约化养殖逐渐

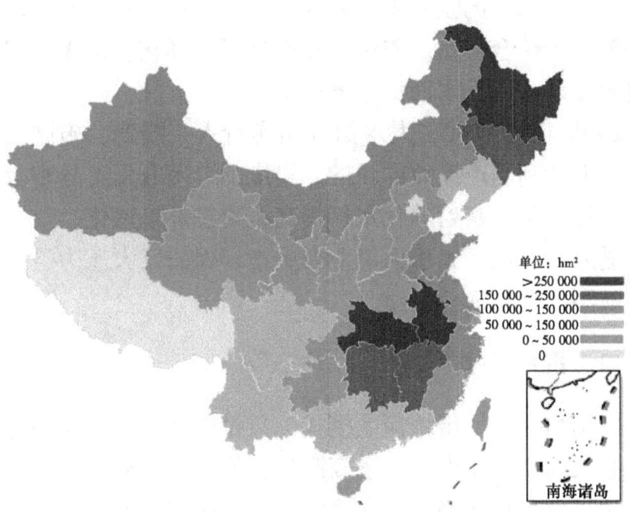

图 3-1　大水面养殖面积全国分布情况

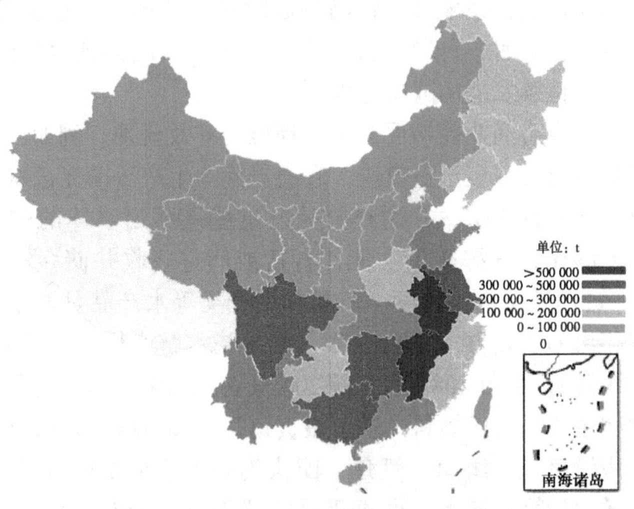

图 3-2　大水面养殖产量全国分布情况

成为大水面渔业的重要生产方式，主要包括网箱养殖、围栏养鱼和湖泊水库综合养鱼。养殖品种也逐渐多样化，河蟹、名优特种鱼类都逐渐进入大水面渔业系统中。

20 世纪 80 年代，大水面开始实行人工投饲、施肥，密养精养，从而达到高产高效的目的。过度的养殖开发，导致大水面生物多样性下降、富营养化水平提高、生态环境恶化。

进入新时代，大水面渔业在生态环保的巨大压力下，开启了一条新型的生态渔业之路。

二、技术原理

以湖泊为例，传统渔业模式，只投放草食性鱼类和滤食性鱼类，消灭凶猛性鱼类，追求高产量，但效益很低；同时，大量投饵施肥，使得水质恶化，水草消失，水体富营养化，形成恶性循环。生态渔业模式，放养凶猛性鱼类，减少价格低廉的滤食性鱼类，如花白鲢，换成价格较高的匙吻鲟等鱼类，产量虽然不高，效益可观。同时，种草养蟹，停止施肥，水质得到很好的改良，坚持了可持续发展的战略思维。

发展生态渔业能够促进生态环境的有效改善。例如，碳汇渔业能够有效地减缓温室效应。它通过渔业生产活动促进水生生物吸收水体中的 CO_2，并通过收获把这些碳移出水体的过程和机制，能够充分发挥碳汇功能，直接或间接吸收并储存水体中的 CO_2，进而减缓水体酸度。鱼类和甲壳类等水产品是淡水生态系统碳移出的主要方式。2009 年，全国淡水鲢产量 348 万 t，鳙产量 243 万 t，草鱼 408 万 t，鲫 206 万 t，鲤 246 万 t。鲢鱼、鳙鱼的食物主要是天然饵料，鳜鱼摄食鱼类，其饵料鱼则摄食天然饵料，假设草鱼、鲫鱼、鲤鱼、团头鲂等产量的 20%来自天然饵料，通过计算，淡水水产每年总的碳移出约 155 万 t；另外，通过粪便等形式沉积的碳约 186 万 t。如按淡水捕捞产量 214 万 t 计

算，则每年移出碳 27.8 万 t。研究者比较了不同湖泊的碳移出和沉积力，鄱阳湖为大型浅水湖泊，从 20 世纪 50—90 年代，其每年通过渔业移出的碳为 11.8～27.6kg/hm^2，总移出碳为3 890～9 061t，总共固定的碳为 8 558～19 935t。梁子湖为中型浅水湖泊，每年渔业碳移出为 24～38kg/hm^2，总共移出的碳为 700～1 100t。武汉东湖为典型的富营养化湖泊，其每年渔业的碳移出约为 78kg/hm^2，通过渔业输出的碳约 260t，总固定碳约 600t。淡水渔业不仅可以移出水体的碳，而且还可以为人类提供大量的优质食物。

俗话说“鱼儿离不开水”，其实水也离不开鱼。鱼类作为大水面生态系统的群落结构之一，在维护生态系统的生态功能起着重要的作用。在湖泊、水库生态系统中，鱼类在水体的生物自净作用尤为关键。一方面，内陆水域水体体积相对海洋较小，因此，其水质环境极易受到人类活动的影响，例如，含高氮、磷元素的生活废水、工业废水非法排放。进而，水体中藻类大量繁殖，使得水体溶解氧环境分布不均，有些藻类会产生毒素。鱼类资源就会受到湖泊环境改变的影响，甚至影响整个生态系统的稳定性；同时，湖泊中的鱼类，不能像海洋鱼类那样迁徙，在湖泊环境改变时，它们只能去适应这种极端环境，鱼类的各种代谢废物对湖泊产生一定的反作用，同样威胁生态系统的稳定性。另一方面，鱼类作为大水面生态系统的消费者，可摄食水体中大量的藻类，从而减轻水体富营养化带来的危害。因此，调整大水面生态系统中鱼类种群，充分发挥鱼类的生物自净作用，持续加强人工增殖放流和捕捞有机结合，进而改善大水面水生态环境。例如，用生物操纵和非经典生物操纵控制湖泊蓝藻水华的发生就是其中的典型。

三、技术路线

水能载舟，也能覆舟。渔业对水体的影响也具有双面性。因此，对渔业的管理将更加重要。我们需要的不是把渔业从内陆天然水域中彻底赶走，而是将大水面渔业的发展与环境调控、生态修复加以有机的结合（图 3-3），对鱼类资源的有效管理，将能起到其他环境整治手段所不能达到的生态作用。

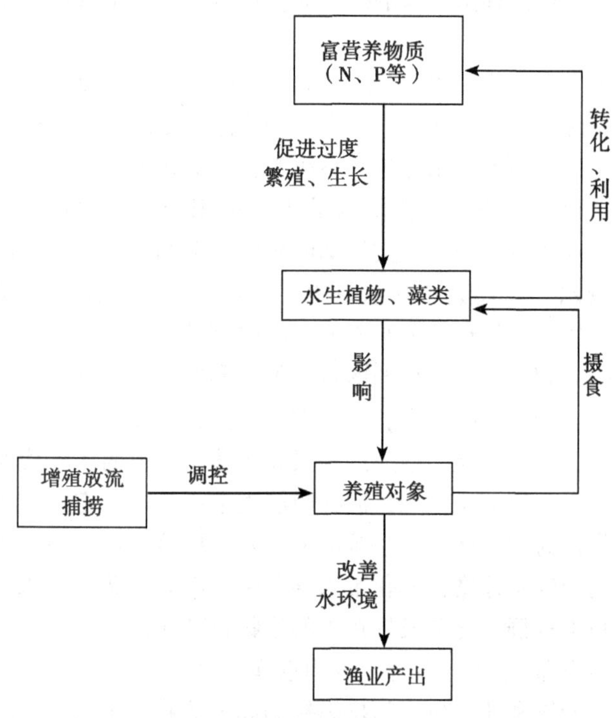

图 3-3　大水面生态高效养殖技术路线

总之，大水面生态渔业的宗旨是以生态学的方法，通过水环

境保护、水产种质资源增殖，保持水生生物的多样性。与此同时，继续发展渔业生产，提质增效，为国民提供无公害水产品。

第二节　水体评估

大水面水源丰富、水质良好、水位相对稳定、日照条件好、敌害少。用来发展生态健康养殖具有得天独厚的条件。鱼类的生态养殖是指根据养殖水体中不同生物间的共生互补原理，利用整个生态系统的物质循环，在一定的养殖空间和区域内，通过相应的技术和管理措施，使不同生物在同一环境中共同生长，并保持生态平衡，实现较高养殖效益的一种养殖方式。

一、水体理化性质评估

对于养殖水体来说，需要检测的理化指标共有 24 项，包括物理性指标 1 项，即水温；化学指标 22 项，即 pH 值、溶解氧、高锰酸盐指数、化学需氧量（COD）、五日生化需氧量（BOD_5）、氨氮、总氮、总磷、铜、锌、氟化物、硒、砷、汞、铬（六价）、镉、铅、氰化物、挥发酚、石油类、阴离子表面活性剂、硫化物；生物学指标有大肠杆菌群 1 项。这些指标均有国标方法进行检测。

一般来说，主要看水体的透明度、水色以及监测水体的溶解氧、水温、pH 值、有毒有害物质的（H_2S、亚硝酸盐等）的含量。功能定为Ⅱ类水质的水库，水质清澈无污染，溶氧充足丰富，具备有机水产品养殖环境标准的优越条件。功能定为Ⅲ类水质的水库，水质清亮少污染，水体环境良好，具备了绿色水产品养殖环境标准的先决条件。生态养殖要求水质优良，溶氧充足，pH 值略偏碱为 7~8，水体少污染。水体透明度在 80cm 以上，水色或淡绿或清亮或油青色。

二、大水面生产力水平评估

渔业发展由“追求产量，解决温饱”向“讲究质量，确保安全”转换；“以鱼为中心”向“以水为中心”转移。以水质保护为目标来确定渔业的环境容纳量，提出适宜的渔业方式和渔业规模；通过增殖放流的技术途径，恢复重要鱼类资源，修复和重建受损的水生态系统机构与功能。实现“鱼水和谐、共同发展”，保障渔业与生态环境的协调发展。

大水面的生态健康养殖，禁止任何渔业投入品进入水体中。换言之，养殖过程中不能投入人工配合饲料、调水治病的各种鱼药，甚至包括池塘养殖用得较多的微生态制剂。那么，如何保证投放的鱼苗能够长大成商品鱼进入市场，进入老百姓的餐桌是一个关键的技术要点。主要思路就是通过评估大水面的初级生产力，合理放养经济鱼类，将水体初级生产力转化为我们需要的水产品。

（一）非生物环境与食物链

大水面的生物和非生物环境与池塘水体有较大差异。首先，水面较宽，太阳辐射面积比较大、照射时间比较长，能够有效地通过光合作用将太阳能转化为生产者的化学能；其次，大水面水体底泥较厚，促进浮游植物等生产者的无机盐、腐殖质、碳水化合物、含氮化合物均较丰富；最后，丰富的浮游植物能够保障水体中溶解氧的水平，同时，也是养殖鱼类丰富的天然饵料。

氮、磷等营养盐的逐渐积累，丰富了浮游植物的数量。消费者呼吸作用、有机物分解产生二氧化碳，作为光合作用的原料。浮游植物通过光合作用吸收太阳能，底栖动物摄食腐殖质吸收化学能。浮游动物摄食浮游植物；草鱼、鳊鱼等草食性鱼类摄食浮游植物；鲢鱼、鳙鱼、匙吻鲟等滤食性鱼类摄食浮游植物和浮游动物；青鱼摄食底栖动物；鲈鱼、鳜鱼摄食草食性或杂食性的小

型鱼类。

（二）浮游生物调查与初级生产力

1．浮游生物调查

浮游动植物是滤食性鱼类主要饵料来源。在投放滤食性鱼类苗种前，必须清楚浮游动植物的生物量，才能保证科学合理的投放量。

（1）采样。采样点应有代表性，能反映整个水体浮游生物的基本情况。湖泊应兼顾在近岸和中部设点，可根据湖泊形状在湖心区、大的湖湾中心区、进水口和出水口附近、沿岸浅水区（有水草区和无水草区）分散选设；水库应在库心区（河道型水库应分别在上游、中游、下游的中心区）及大的库湾中心区、主要进水口、出水口附近、主要排污口、入库江河汇合处设点。

浮游植物采样：每个采样点用采水器采集 1L 水用于定量。水深小于 3m 时，只在中层采样；水深 3～6m 时，在表层、底层采样，其中，表层水在离水面 0.5m 处，底层水在离泥面 0.5m 处；水深 6～10m 时，在表层、中层、底层采样；水深大于 10m 时，在表层、5m、10m 水深层采样，10m 以下处除特殊需要外一般不采样。定性样品用 25 号浮游生物网在表层缓慢拖拽采集。

浮游动物采样：原生动物、轮虫和无节幼体定量可用浮游植物定量样品；枝角类和桡足类定量，将 10～50L 水用 25 号浮游生物网过滤浓缩，过滤物放入标本瓶中待固定。由水体的深度决定，每隔 0.5m、1m 或 2m 取一个水样加以混合，然后取一部分用于浮游动物定量。

（2）固定。浮游植物样品立即用鲁哥氏液固定，用量为水样体积的 1%～1.5%。原生动物和轮虫定性样品，除留一瓶供活体观察不固定外，固定方法同浮游植物。枝角类和桡足类定量、定性样品应立即用 37%～40% 甲醛溶液固定，用量为水样体积的 5%。

（3）沉淀和浓缩。固定后的浮游植物水样摇匀倒入固定在架子上的1L沉淀器中，2小时后将沉淀器轻轻旋转，使沉淀器壁上尽量少附着浮游植物，再静置24小时。充分沉淀后，用虹吸管慢慢吸去上清液，留下含沉淀物的水样20~30mL。依透明度确定水样浓缩体积（表3-1）。

表3-1　不同透明度对应的水样浓缩体积

透明度（cm）	1L水样浓缩后的水量（mL）
>100	30~50
50~100	100~50
30~50	500~100
20~30	1 000（不浓缩）
<20	>1 000（稀释）

原生动物和轮虫的计数可与浮游植物计数合用一个样品；枝角类和桡足类通常用过滤法浓缩水样。

（4）种类鉴定。优势种类应该鉴定到种，其他种类至少鉴定到属。种类鉴定除用定性样品进行观察外，微型浮游植物需吸取定量样品进行观察，但要在定量观察后进行。

（5）计数。浮游植物计数前需先核准浓缩沉淀后定量瓶中水样的实际体积，可加纯水使其成30mL、50mL等整量。然后将定量样品充分摇匀，迅速吸出0.1mL置于0.1mL计数框内。盖上盖玻片后，在高倍镜下选择3~5行逐行计数，数量少时可全片计数。1L水样中的浮游植物个数（密度）可用下列公式计算：

$$N = \frac{N0}{N1} \times \frac{V1}{V0} \times Pn$$

式中：

N——1L水样中浮游生物的数量，个/L；

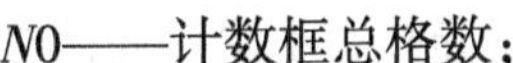

$N0$——计数框总格数；

$N1$——计数过的方格数；

$V0$——计数框容积，mL；

$V1$——1L 水样经浓缩后的体积，mL；

Pn——计数的浮游植物个数。

原生动物计数时，吸出 0.1mL 样品，置于 0.1mL 计数框内，盖上盖玻片，在 10×20 倍显微镜下全片计数。每瓶样品计数 2 片，取其平均值。

轮虫计数时，吸出 1mL 样品，置于 1mL 计数框内，在 10×10 倍显微镜下全片计数。每瓶样品计数 2 片，取其平均值。

无节幼体、枝角类和桡足类，用 5mL 计数框将样品分若干次全部计数。如样品中个体数量太多，可将样品稀释 50mL 或 100mL，每瓶样品计数 2 片，取其平均值。

计数前，充分摇匀样品，吸出迅速、准确。盖上盖玻片后，计数框内无气泡，无水样溢出。单位体积浮游动物的数量按下式计算：

$$N = \frac{Vs \cdot n}{V \cdot Va}$$

式中：

N——1L 水样中浮游动物的数量，个/L；

V——采样的体积，L；

Vs——样品浓缩后的体积，mL；

Va——计数样品体积，mL；

n——计数所获得的个体数，个。

2. 水体初级生产力

对于湖泊、水库等大水面来说，影响水体初级生产力的因素除浮游植物本身生物量变化外，水环境中的光、营养盐、温度以及水体运动也是主要的因素。所以，要准确估算湖泊初级生产力模型必须综合考虑浮游植物生物量、营养盐、水温和光照等要素的影响。1997 年，研究者们提出了初级生产力深度垂向归纳模型（即 VGPM 模型），并通过对长江中下游湖泊浮游植物初级生产力的实测值进行对比，发现 VGPM 模型能够较为准确地反映大水面水体初级生产力的真实水平。其核心公式为：

$$PPeu=0.66125\times Popt\times Zeu\times Copt\times Dirr\times E_0/(E_0+4.1)$$

式中：*PPeu* 为从表层到真光层积分的初级生产力（mg/m^2）；*Popt* 为水柱的最大碳固定速率［mg/（mg · Chl · h）］，为水温的函数，表达式为：

$$Popt=1.2956+2.746\times10^{-1}\times T+6.17\times10^{-2}\times T^2-2.05\times10^{-2}\times T^3-1.348\times10^{-4}\times T^5+3.4132\times10^{-6}\times T^6-3.27\times10^{-8}\times T^7\ (-1.0℃<T<28.5℃)$$

湖泊水温根据气温的线性方程求算：T=［a+b（N’-a’）+c H］Ta+［d+e（N’-a’）+f H］。根据长江中下游湖泊纬度、气温和海拔高度，可计算得出 *Popt* =6.6 mg C /（mg · Chla · h）。

Copt 为最大碳固定速率深度的叶绿素浓度，由模型计算出的叶绿素浓度代替。

Zeu 为真光层深度（当水深小于真光层深度就用水深代替），$Zeu=1.7239SD+0.1685$（$R^2=0.8408$）。

Dirr 为光照周期，E_0为湖泊表面光合有效辐射强度。长江中下游地区年光合有效辐射为 2200MJ/m^2，所以，式中 $E_0/(E_0+4.1)=0.87$。

3. 水生大型植物调查

除少数种类外，水生维管束植物均可用作草食性鱼类的饵料，它具有比较丰富的营养价值。据中国科学院水生生物研究所的资料，几种水草的营养成分（占干物质的%），见表 3-2。

表 3-2 水生维管束植物的几种营养成分

成分	含量（占干物质的%）
粗蛋白	13.53~26.72
粗脂肪	2.21~10.80
灰分	10.90~24.99
粗纤维	15.60~34.34
无氮浸出物	24.82~48.18

能量为 2 984~4 076cal/g。据此可将所测水体中水生植物的各类营养成分算出，并折算成能量。据试验资料，25~90kg（湿重）水草可生产 0.5kg 鱼肉。说明，水生植物的营养价值是相当高的。草食性鱼类的放养量可参照陈洪达（1975）提出的公式：

$$X = \frac{B \cdot P}{K \cdot W \cdot S}$$

式中：

X——草食性鱼种放养量，尾/亩；

B——可被草食性鱼类利用的最高生物量，kg/亩；

P——计划利用的植物生物量占最高生物量的百分比，%；

K——草食性鱼类的平均饵料系数（13cm 左右的鱼种取 120）；

W——平均每尾鱼在 1 年内的增肉量，kg；

S——鱼种成活率，%。

三、鱼类资源调查

在进行生态养殖的大水面水体中，除了投放的草食性、杂食性鱼类以外，还有水体本来就有的各种杂鱼，他们都是放养的肉食性鱼类的饵料来源。为了确定肉食性鱼类的投放数量，必须清楚其饵料的多少。水体中本来就有的杂鱼是未知的，所以，需要对养殖水体进行鱼类资源调查。

鱼类资源调查主要采用现场捕捞的方法。现场捕捞采用的渔具有流刺网（网目为 2cm、4cm、6cm）、定置刺网、地笼、拉网、钩钓等，网具使用时间控制在 7～8h。所有渔获物现场用 10%甲醛溶液固定后带回进行鉴定，依据相关资料进行种类鉴别，统计数量，记录体长体质量等参数。

第三节　品种选择

中国重要淡水经济鱼类中最负盛名者当推草鱼（*Ctenopharyngodon idellus*）、青鱼（*Mylopharyngodon piceus*）、鲢鱼（*Hypophthalmictuthys molitrix*）、鳙鱼（*Aristichthys nobilis*）等世界著名的“四大家鱼”，均为我国特有鱼类，也是大水面生态养殖的主要养殖对象。由于这些大宗淡水鱼的价格近几年整体走低，所以，特色淡水鱼也逐渐走进了大水面生态养殖的行列，并逐渐成为主流趋势。例如，虹鳟（*Oncorhynchus mykiss*）、鳜鱼（*Siniperca chuatsi*）、鲈鱼（*Lateolabrax japonicus*）、匙吻鲟（*Polyodon spathula*）、细鳞斜颌鲴（*Xenocypris microlepis*）和翘嘴鲌（*Culter alburnus*）等。

一、匙吻鲟

匙吻鲟产于北美洲，又称匙吻白鲟、鸭嘴鲟，属鲟形目、匙吻鲟科，为桨吻鲟（*paddlefish*）的一种。是北美洲的一种名贵大型淡水经济鱼类。匙吻鲟的显著特点是吻呈扁平桨状，特别长。鱼的体表光滑无鳞，背部黑蓝灰色，有一些斑点在其间，体侧有点状赭色，腹部白色。个体大，这种大型淡水鱼可以长到 220cm，重达 90kg 以上。

3 月开始温度逐步升高，浮游动物生长较好，饵料丰富，为

匙吻鲟的快速生长阶段。温度较高时，匙吻鲟代谢强度较大，饵料丰富，生长情况就好，相反温度相对较低，代谢强度减弱，饵料缺乏，生长情况就差。匙吻鲟具有先进行体长生长，然后进行体重生长的特点。

匙吻鲟生活在缓慢流动水域，作为大水面生态养殖鱼来说有以下优点。

（1）匙吻鲟是广温性鱼类，它不怕低温，即使水面结冰，只要水中有充足溶解氧，它也能在冰下水中生活；匙吻鲟也能耐高温，能在32℃的水中正常生长。

（2）生长快。匙吻鲟可以说是淡水鱼中生长最快的鱼之一，当年鱼体重可达1kg以上，2龄鱼体重可超过2. 5kg。

（3）饵料来源广。匙吻鲟成鱼主要滤食水中的浮游动物和有机碎屑，也以甲壳类和双壳类生物为食，还能摄食蚯蚓等。

（4）不破坏水域环境。大水面养殖匙吻鲟不用施肥，不用投喂人工配合饵料，中型水面也是如此，而且匙吻鲟表不能摄食水生植物，因而养殖匙吻鲟不会破坏水体自然环境。

（5）容易捕捞。匙吻鲟性情温和，不善于跳跃，它的习性和花鲢相似。大、中型水面，可采取多种方法捕捞，拦、赶、刺、张综合捕鱼法能将大部分匙吻鲟捕起。

（6）经济价值高。匙吻鲟鱼肉的价格在国外是十分昂贵的，只有少量匙吻鲟商品鱼出售，每千克价格为40元左右。匙吻鲟肉质鲜美，吻部富含胶原蛋白，营养丰富，是宴席佳肴；鱼子酱在国际市场价格昂贵，鱼皮可制成优质皮革。每千克成品鱼约200元；匙吻鲟还可以作为观赏鱼出售，体长15cm的每尾30元。

二、鳜鱼和鲈鱼

鳜鱼和鲈鱼均有很多种类。鳜鱼在分类学上隶属于鲈形目、鮨科、鳜鱼属，该属共有 7 种，其中，以鳜鱼（翘嘴鳜）、大眼鳜和斑鳜为常见。在鳜鱼养殖过程中，翘嘴鳜与大眼鳜极易混淆，往往把大眼鳜当做翘嘴鳜来养殖，结果降低了养殖者的经济效益。大眼鳜与翘嘴鳜的主要区别是：大眼鳜眼较大，上颌后端不达眼的后缘，斜形褐色条纹不达吻端，体两侧没有 1 条较宽的褐色斑条与体轴相垂直。而翘嘴鳜眼较小，上颌末端至眼的后缘，斜形褐色条纹自吻端穿过眼部至背鳍基部前下方，体两侧有一条较宽的褐色斑条与体轴相垂直。鳜鱼为底层鱼类，生活在静水和有一定流水的江河、湖泊和水库中，尤以水草丰盛的浅水湖泊为多。白天一般潜伏于水底，夜间四处活动觅食，有打穴作窝习性，不喜群居，生活适宜水温为 15~32℃，在水温 7℃ 以下时不大活动和摄食。

鳜鱼鱼种放养有 3 种方式：直接放养 3cm 鳜鱼鱼种、放养 6~8cm 大规格鳜鱼鱼种、放养 1 龄鳜鱼鱼种。因大水面特殊的水体环境和较小的饵料密度，后 2 种方式才能保证较高成活率。当投放的滤食性鱼类规格较小时，第二种方式比较合适；当投放的滤食性鱼类规格较大时，放养 1 龄鱼种较为合适，规格一般在 50~100g/尾。放养前，都要经过 3%食盐水浸泡 5~10 分钟。

目前养殖效益较好的鲈鱼为加州鲈鱼，原名大口黑鲈，分类学上属鲈形目，太阳鱼科。加州鲈鱼的适温范围广，在水温 1~36.4℃时都能生存，10℃ 以上开始摄食，最适生长温度为 20~30℃。水质要求每升水溶氧量在 1.5mg 以上，比鲈鱼、鳜鱼耐低氧能力强。幼鱼爱集群活动，成鱼分散。一般，每亩水面放养 30~40 尾鱼种，年底可收获 15~20kg 加州鲈成鱼。主要放养技术跟鳜鱼类似，放养初期，滤食性鱼类规格要大于鲈鱼规格 3 倍以上。

早在 20 世纪 90 年代，水产科研工作者在湖北省的牛山湖开展鳜鱼湖泊养殖试验。在试验期间，鳜鱼的产量增加了 5~10

倍，投入产出比达到1/25，产值占总产值的38%。其中，水草覆盖率达到了85%，达到Ⅱ类水至Ⅲ类水的标准，对小型鱼类群落多样性和产量均无显著影响，总经济效益得到大的提升，具体指标数据，见表3-3。

表3-3　鳜鱼与常规鱼年产量与产值比较

年份	常规鱼		鳜鱼	
	产量（万kg）	产值（万元）	产量（万kg）	产值（万元）
1995	60.1	300.5	0.92	36.8
1996	80.7	403.5	1.75	70.0
1997	110	550.0	5.98	239.2
1998	161	805.0	5.92	236.8
1999	102.1	510.5	7.3	292.0
2001	97	682.0	9.0	450.0
2002	85	750.0	11.0	440.0

三、草鱼

（一）鱼种的准备

首先了解草鱼来源。一是选择来自管理规范、专池培育、体质健壮、无伤无病、抗病力强的草鱼鱼种；二是由于草鱼出血、肠炎两大病均易感染当年鱼，所以，选择经历过草鱼多病期的2龄鱼种为好，放养规格为250~500g/尾。这种规格的草鱼可以直接投喂大型水草，既够不上成鱼的标准，也算不得鱼苗，市场价格较低，可有效节约养殖成本。

（二）放养密度

目前的大水面养殖模式的特点是全程不使用增氧设备，所以，为保证能在自然条件恶劣的情况下，不出现泛塘死鱼现象，采用不搭配鲢鱼、鳙鱼的放养模式，只放养草鱼。养殖过程只投喂大水面水体周围生长的芦苇等青饲料，水草量的大小决定放养的密度。

（三）放养前的消毒措施

草鱼种捕捞、运输操作要规范，做到无损伤。为杀死携带的寄生虫、防止病菌带入，草鱼种放养前用高锰酸钾溶液或3%~4%的食盐水消毒10~15分钟，具体浓度和时间以草鱼反应而定。

四、鲢和鳙

白鲢属鲤形目、鲤科、鲢亚科，体形长而侧扁，腹缘呈刀口状，腹棱完全，最大个体约20kg。花鲢即鳙，体长侧扁与鲢相似，腹棱不完全，头大圆胖，最大个体约50kg。花白鲢均为典型滤食浮游生物的鱼类，浮游生物随着水流进入口咽腔，然后通过细密的鳃耙过滤食物。花白鲢在20~30℃时，每升高1℃，代谢强度约增加10%，15℃以下食欲显著降低。

（一）确定主养鱼类

天然养殖花白鲢可主养白鲢，也可主养花鲢。主养花鲢，花鲢比例为55%~65%，白鲢40%~45%；主养白鲢，白鲢比例为60%~65%，花鲢25%~30%；另外，草鱼、团头鲂、鲫鱼、鲤鱼、黄尾鲴等可搭配10%~15%混养。

（二）鱼种的投放规格

如果需要当年投放当年起捕，投放规格要大，一般投放花、白鲢鱼种在每尾0.5~1kg。有的水库实行梯级投放，目的是适应分批多次起捕，1kg以上鱼种投放20%~30%，适应6—7月轮捕，0.5~1kg鱼种投放50%~60%，适应9—10月轮捕，0.25~0.5kg鱼种投放10%~20%，适应次年起捕。搭配混养的草鱼、鳊鱼应投放当年冬季斤两鱼种，每亩可投10~20尾，规格大点较好。鲤鱼、鲫鱼也可投放火片（夏花）鱼种，每亩50~100尾。

（三）鱼种放养量

主要根据养殖规模、计划鱼产量来确定放养量。当然，水库渔产力决定养殖规模。水库渔产力是根据水库的地理气候条件、水文情况、库区流域情况、水库的营养类型、鱼的区系组成情况综合而定。不同水库渔产力是不一样的，所以要在生产实践中不断摸索，才能确定该水库适合的养殖规模。还有一个是鱼的增重倍数问题。投放鱼种规格越大，增重倍数越小。0.5~1kg 规格鱼种养殖一年周期，增重常为 3~4 倍。投放 0.15~0.25kg 鱼种增重常为 5~6 倍。

五、鲴

鲴类主要是黄尾鲴、细鳞鲴及银鲴，又称刁子、黄尾等，是重要经济鱼类。鲴鱼食物链较短，主要摄食着生藻类、腐屑和摇蚊幼虫等，和其他主要养殖鱼类没有食物矛盾，因此，可以通过加大放养量充分利用水体的天然饵料而取得相当高的群体生产量，从而提高经济效益。

鲴为中下层鱼类，平时喜生活于江河干支流水域，到了产卵季节，有一定的短距离洄游现象，上溯至适合条件的产卵场进行集群产卵。产后，亲鱼分散游动，离开产卵场，至秋季有一部分群体进入干流附属的湖泊或支流中进行索饵、育肥，冬季则又返回干流水深的潭穴中越冬。

黄尾鲴和细鳞鲴在 1~2 龄生长最快，一般 1 龄鱼体重可达 150~200g，2 龄鱼体重可接近 500g，平均体重在 479g 左右，2 龄以后生长速度明显变慢。同龄鱼，雄鱼比雌鱼个体稍小。常见个体体重 300~500g，最大个体可在 1~2kg。其生长在头两年速度较快，2 龄鱼的平均体重可达 479g。鲴鱼通常 2 龄性成熟，生殖季节在华中和华南地区为 4—6 月。成熟雌鱼的体重变化在 415~1 100g 以上。平均每 kg 体重的鱼怀卵量为 20 万粒左右。产黏性卵，呈浅黄色。产出时卵径为 0.8~1.2mm。雄鱼在生殖季节，有珠星出现。在人工饲养的水体中，也可以自然繁殖。

在环境适宜的浅水型湖泊或水库中移植鲴鱼苗种或亲鱼，并加强资源保护，2~3 年就能形成自然种群，可长久受益。这在湖南、湖北、江西等省已有成功经验。

六、虹鳟

虹鳟属鲑形目、鲑科鱼类。原产北美洲太平洋沿岸，北美洲的山涧、河流中。喜栖息于清澈、水温较低、溶氧较多、流量充沛的水域，虹鳟生活极限温度 0~30℃，适宜生活温度为 12~18℃，最适生长温度 16~18℃，低于 7℃或高于 20℃时，食欲减退，生长减慢，超过 24℃摄食停止，以后逐渐衰弱而死亡。它对水中溶氧要求高。溶氧低于 3mg/L 为致死点，低于 4.3mg/L 时出现“浮头”开始死亡。溶氧低于 5mg/L 时，呼吸频率加快。要使虹鳟处于良好的生长状态，溶氧最好在 6mg/L 以上，9mg/L 以上快速成长。最适水质为：生化需氧量小于是 10mg/L。氨氮值低于 0.5mg/L，pH 值 6.5~8。

养殖虹鳟鱼种的鱼苗放养，选择无风的晴天，入水的地点选在向阳背风处，将盛苗种的容器倾斜于水中，让苗种自行游入。养殖方式采用混养，夏花放养密度为 300 万尾/hm^2。在苗种放养过程中，要求选择体质健壮，规格整齐，体表光滑，无伤无病，游泳活泼，溯水力强的苗种，经专业人员检验、检疫合格后，方可用于渔业生产。

七、鲫

鲫鱼主要是以植物为食的杂食性鱼，喜群集而行，择食而居。肉质细嫩，营养价值很高，每百克肉含蛋白质 13g、脂肪 11g，并含有大量的钙、磷、铁等矿物质。鲫鱼药用价值极高，

其性平味甘，入胃、肾，具有和中补虚、除羸、温胃进食、补中生气之功效。鲫鱼分布广泛，全国各地水域常年均有生产，以2—4月和8—12月的鲫鱼最为肥美，为我国重要食用鱼类之一。最大体长约30cm，栖息深度为0~20m，无毒，经济型食用鱼类，物美价廉。多产于黄河流域、长江流域、珠江流域一带。

鲫鱼是生活在淡水中的杂食性鱼，体态丰腴，水中穿梭游动的姿态优美。鲫鱼的生活层次属底层鱼类。一般情况下，都在水下游动、觅食、栖息。在气温、水温较高时，也会到水的中下层、中上层游动、觅食。成鱼鲫鱼主要以植物性食料为主。由于植物性饲料在水体中蕴藏丰富，品种繁多，供采食的面广。维管束水草的茎，叶，芽和果实是鲫鱼爱食之物，在生有菱和藕的高等水生植物的水域，鲫鱼最能获得各种丰富的营养物质。硅藻和一些状藻类也是鲫鱼的食物，另外，还有小虾、蚯蚓、幼螺，昆虫等。

鲫鱼长速快，在很多天然饵料丰富的大型水域，鲫鱼养殖第三年，规格超过500g的往往超过50%，经济效益显著；鲫鱼摄食水底有机碎屑能减轻水中有机物的负荷，因此，在大、中型湖泊等，特别是浅水型湖泊中，投放鲫鱼对保护水环境也有重要意义。

八、蟹

蟹是大水面养殖的常见品种，很多地方的已经发展成一个完整的产业链，有很好的品牌效应。例如，阳澄湖大闸蟹、大通湖大闸蟹等。

在大水面广泛开展的养殖蟹种类为中华绒螯蟹。自然界的蟹常穴居于江、河、湖泽或水田周围的泥岸，昼伏夜出，以鱼、虾等动物尸体或稻谷为食。秋季常回游到近海繁殖，雌蟹所抱的卵，至翌年3—5月孵化，经多次变态，发育成幼蟹，再溯江河而上，在淡水中成长。

九、翘嘴鲌

翘嘴鲌体型较大，体细长，侧扁，呈柳叶形。头背面平直，头后背部隆起。口上位，下颌坚厚急剧上翘，竖于口前，使口裂垂直。眼大而圆，鳞小。翘嘴鲌属中、上层大型淡水经济鱼类，行动迅猛，善于跳跃，性情暴躁，容易受惊。它属于肉食性鱼类，在自然水域主要吞食鲜活饵料。与鳜鱼、鲈鱼属同一生态位，所以在放养时，必须综合考虑其饵料丰度与竞争强度等因素。

另外，必须提出的是，由于大水面生态养殖模式与其他水产养殖模式的生态特性不同，不可控风险更高，因此，必须禁止入侵品种的投放。一旦形成入侵，评价过程复杂且治理难度大。

入侵鱼类一般对本地生态系统和本地种产生以下生态影响：捕食、种间竞争、遗传同化、栖息地破坏和疾病传播等。近年来，我国已充分意识到生物入侵的危害，并在农村农业部、国家质检总局等多部委设立了管理外来种的部门，制定了外来种相关的法律法规，如《中华人民共和国进出境动植物检疫法》《中华人民共和国渔业法》等，环保部门在 2003 年和 2010 年先后发布了入侵种清单。

因此，在大水面生态养殖的品种选择上，必须依照科学的种质资源筛选标准，对投放品种特性及放流环境进行充分前期调研，避免投放种群对本地环境及种群造成负面生态影响。

第四节 日常管理

在大水面开展渔业养殖，虽然不能投放饲料和鱼药，但也需要对其进行合理的管控，保障养殖鱼类能够在水体中正常摄食，

在一定的养殖周期中能够达到商品鱼的规格，并走向市场。生产管理主要包括鱼种投放、日常管理、捕捞和休闲渔业开发等。

一、鱼种投放

水库由于水面大，水位深，经常有外来水，一般发生鱼病少。坚持采用生态方法综合防病。关键技术点在，做好鱼种的消毒工作，把好鱼种投放关。鱼种要健康、体质强壮、体形完好，无畸无残。投放鱼种时，要用3%～4%食盐水浸泡5～10分钟进行消毒。由于丝状藻类能缠住幼鱼造成死亡，投放地点必须选择水面开阔、干净或有适量水生植物的缓流区域。

鱼种投放前，先对水体进行渔业资源调查，弄清楚水体的初级生产力与鱼载力，根据食物链的顺序逐级放养，保证其正常的生态位平衡发展。在这个前提下，根据不同的养殖种类进行调整。

养殖虹鳟成鱼从稚鱼开始，放养密度随个体的增长做相应调整，一般鱼体重1g，放1 600尾/m^2；鱼体重5g，放1 000尾/m^2；体重10g，放800尾/m^2；鱼体重15g，放625尾/m^2；鱼体重20～100g，放200～100尾/m^2；鱼体重100～180g，放100～50尾/m^2。

匙吻鲟鱼种放养一般在3—6月，每亩水面放养40～100尾，平均体重50～100g，应特别注意，投放匙吻鲟苗种的规格不能小于10cm，否则成活率会大受影响。具体放养数量及密度随个体的规格做相应调整，且必须参考水体初级生产力和其他滤食性鱼类的数量而定。

放养的蟹苗规格为16万～20万尾/kg，亩放养数量为1 000～3 000尾，亩放养重量5～15g。

花白鲢的养殖技术已经非常成熟。根据实际案例，我们推荐以下2种生态养殖鱼种放养模式（表3-4）（单位，尾/亩）。

表 3-4　主要花鲢和主养白鲢的两种生态养殖鱼种放养模式

	花鲢		白鲢		草鱼		鳊鱼		鲤、鲫	
	规格（kg）	数量（尾）	规格（kg）	数量（尾）	规格（kg）	数量（尾）	规格（kg）	数量（尾）	规格（kg）	数量（尾）
主养花鲢	0.5~1	25~30	0.5	15~20	0.25	2~3	0.02	5~10	0.02	10~20
主养白鲢	0.5~1	10~15	0.5	25~30	0.25	2~5	0.02	5~10	0.02	10~20

二、生产管理

（一）灯光诱食

从藻类的立体分布和水平分布加以判断，易被滤食性鱼类消化的浮游植物，大多有明显的趋光性。浮游动物摄食浮游植物，表现出明显的趋光运动。利用浮游动植物的这一特性。可以人为控制水面的光照时间、光照强度来提高滤食性鱼类的摄食强度，从而达到高产的目的。

在养殖水域设置固定的光源以诱集浮游动植物。平均每 30 亩架设一个 30W 的 LED 照明灯，诱饵灯距水面约 4.5m，开灯时间 20：00 至次日 8：00。

白天，随着浮游植物的空间分布，养殖鱼类自然分布在生态空间中展开摄食、捕食行为，进行食物链的传递。夜间，浮游动植物在灯光的诱导下不断集结，滤食性鱼类会随之集结进行摄食行为，同时，滤食性鱼类的集结也为肉食性鱼类捕食提供了便利。

（二）鱼菜共生

鱼类的生态养殖，关键技术点在水质管控，不得向水库投施肥料。常用于池塘水质管理的微生态制剂也不能用于大水面生态

养殖中。鱼菜共生技术就成了较好选择。

在养殖过程中，水质动态变化是必然的。为了保持良好的水质，维持健康的养殖环境，生态学的水质调控技术是必不可少的。研究表明，低覆盖率（3.5%）的空心菜生物浮床能够增加水体的溶解氧含量，降低水体中含氮化合物的浓度和改善养殖环境中的微生态平衡，提高有益菌和氮循环细菌的含量。

用PVC管材料制作的单个浮床，规格为8m×4m，其中，PVC管直径为50mm。浮床用网孔为30mm的网片包裹。将浮床首尾相连，集中固定在湖泊、水库沿岸，排列整齐。6月中上旬，将预先培育好的空心菜苗（株高20cm）按株距30cm×行距20cm移栽到浮床稀网上。当空心菜水面以上茎长30cm时，可以对其采收，不仅可以降低水体富营养化风险，还可以丰富养殖者的菜篮子。

空心菜根系非常发达，它能吸附水体中的各种悬浮物；根系中着生的细菌群落具有固氮作用；可有效增加水体溶解氧浓度。此外，空心菜生长非常快，其叶子可以作为草食性鱼类的饵料。

（三）防逃防盗

保障大水面鱼类安全技术主要包含防逃、防偷的管理。

1. 防逃

湖泊是天然水体，湖岸线一般都比较长，防逃措施比较简单，那么经常性的巡湖是比较好的保障措施。水库因是拦水、蓄水工程，在汛期降水量过大、过多，都会由于来水量过多，需要从溢洪道过水泄洪。如果防逃措施没有做好，就会大量跑鱼，损失巨大。溢洪道前拦网要早做准备，有时水库水位一夜就会上涨1~2m，到时拦网就来不及了。

2. 防盗

大水面生态养殖的鱼类可加工成为生态绿色食品，所以，一定会受到社会各界的关注。其中，难免不法分子想不劳而获，钻空子，因此，防偷盗、防偷钓管理也极为重要。比较经济有效的方法是多巡看或在重要角落布设无线监控。

（四）注意事项

发展大水面生态渔业的基本原则是保护水质、兼顾渔业、适度开发、持续利用。不能只顾短期利益，片面追求产量和产值，需要考虑长远利益，生态效益。从“高投入高产出”的资源消耗型方式向环境友好的资源节约型方式转变；施肥养鱼、“三网养鱼”（以牺牲湖泊生态环境为代价的渔业技术模式）需要严格加以限制。

三、捕捞

由于市场的激烈竞争性以及一年四季的鱼价波动较大，因此，根据市场行情，能迅速捕捞起养殖鱼类，快速跟进者，必然会掌握主动性。

（一）设施设备

渔船是大水面捕捞的主要设施。根据不同的捕捞方法需要不同的网具，主要有由网头、翼网、上下钢绳、浮子组成的大拉网，由网翼及上下钢绳组成的抄网，钓竿、地笼、丝网等。

（二）捕捞策略

水库放养鱼种以后，就开始跟踪鱼类的生长情况，通过适时轮捕轮放等措施，调节水库鱼的密度、总载荷量，来掌控水库鱼类生长。水库鱼类主要生长季节在5—10月，所以，如果有囤养大规格花鲢成鱼的水库，应在6月之前把冬季囤养的大花鲢成鱼捕捞上市。一是，此时市场鱼价好；二是，尽量减少对当年鱼的生长影响。

实行大、中、小鱼种梯级投放的养殖模式水库，应建立相应配套的轮捕措施。大型水库由于总产量大，应确定好捕捞方案。可以采取捕捞热水鱼，也就是在5—10月，鱼类主要生长的季

节，经常捕鱼销售，每月制定起捕量任务。这样，一是可以迎合热水鱼较好的市场价格，获得更大的经济效益；二是通过适时轮捕减少了水库鱼的密度，促进了水库鱼的生长。中、小型水库可以根据水库的水位情况，鱼的生长情况，市场行情情况，来采取分批轮捕的方案，大多在7—8月安排1~2批轮捕。7—8月是鱼类生长最快的季节，把可以上市的成鱼及时轮捕，减少水库鱼的密度，及时促进其他鱼种的生长。9—10月，再适当轮捕1~2批，抢在湖泊、池塘鱼大量上市之前，市场鱼价还可以时，及时起捕。也有的水库是采取年前或年后起捕出售。

（三）捕捞方法

水库鱼的起捕是要有一定的专业捕捞技术。现在水库鱼的捕捞技术发展很快，赶网就可以全年任何时候作业。还有灯光网诱捕、在水库主要河道敷设网袋鱼自动进袋诱捕等技术。我们主要介绍以下几种方法。

1. 大拉网捕捞法

大拉网是大水面养殖中常用的捕捞工具，由网头、翼网、上下钢绳、浮子组成。根据捕捞水域地理特点确定翼网的宽度，其宽度小的300m，大的可达1 000m以上。拉网网片由尼龙线编织而成，上下钢绳可选用聚乙烯线绞成的直径达2cm的粗绳。要求用大拉网进行捕捞的地点水深适宜，起网岸边坡度平缓，网围底部较平坦。拉网人员可确定在20~40人。大拉网捕捞法主要用于捕捞鲢鱼、鳙鱼等中上层鱼类。

2. 抄网捕捞法

抄网由50m长、15m宽的网翼及上下钢绳组成。作业时两只船上的捕捞人员各拉一边的上下钢绳，加大船速，迅速捕捞一定范围内的中上层鱼类。因冬季鱼类活动能力相对较弱，因此，抄网捕捞时间一般选择在冬季。抄网捕捞法操作方便，动作迅速。作业人数一般为6~8人，每条船上3~4人。

3. 钩钓捕捞法

钩钓捕捞是指在一根长线上安装钓钩，并在钩上装上水蛭、蚯蚓、小鱼等诱饵，然后把钓钩放在鱼类活动的通道上，晚放早收。用这种捕捞方法可以捕获鳗鱼、鲫鱼、鲤鱼、黄颡鱼、鳜鱼等。

4. 卡钓捕捞法

卡钩是用富有弹性的毛竹丫枝做成的。卡箍内装饵料，鱼吃卡食时，咬破卡箍，卡箍两头卡尖弹开，卡住鱼的口腔。卡钓捕捞法主要用于捕捞鲤鱼、鲫鱼、鳊鱼等底层鱼。

5. 地笼捕捞法

地笼捕捞法主要用于捕获大水面的蟹、鳖、虾等特种水产。

6. 丝网捕捞法

丝网由许多长方形的单位网片连接而成，一般上纲装有浮子，下纲装有沉子。丝网下在鱼类经常栖息或洄流的通道上，使鱼刺入网目或缠在网上而被捕捞。网目规格不同，所捕鱼的大小和品种也不同。各种鱼类都可以用此法捕获。

四、休闲渔业

集旅游、观赏、游钓、娱乐、美食、休闲、度假为一体的休闲渔业成为蓬勃发展的新兴产业。发展休闲渔业，是对传统渔业功能的拓展，有助于在满足“吃”的需求之外，更好地满足城乡居民日益多样的文化、旅游、休闲、体验等消费需求。现代渔业强调实现经济、社会和生态效益共赢。发展休闲渔业，有助于在经济发展新常态背景下，实现渔业与文化、科技、生态、旅游、教育等领域的有机融合，培育出新的消费热点和经济增长点。发展休闲渔业，建设美丽渔村，可以吸纳更多劳动力，有效地为捕捞转产、养殖转型提供出路，缓解过度捕捞、养殖给资源、环境和质量安全带来的压力。发展休闲渔业还为渔业扶贫工

作提供了一条新路径。相对来说，贫困地区往往由于工业不发达，资源环境破坏得少，青山绿水正是现在旅游开发的热点资源。发展休闲渔业，不但可以丰富旅游开发项目，拉动贫困地区经济发展，还可以为当地贫困群众提供大量的就业机会。

目前，休闲渔业在品牌提升和管理方面呈现出较好势态。山东省的“渔夫垂钓”“渔业公园”，福建省的“水乡渔村”，吉林省查干湖冬捕，宁波象山开渔节，江苏、湖北、安徽等省的龙虾节，广西壮族自治区龟鳖节，等等，一大批休闲渔业的公共品牌、企业品牌已经树立，并已具有较强的市场影响力。农业农村部还出台了《关于促进休闲渔业持续健康发展的指导意见》，很多省市或者单独制定，或者与其他部门协调配合，制定了休闲渔业相关领域的管理规章和相关标准，有的还出台了专门的休闲渔业发展规划。

我国休闲渔业发展很快，所包含的休闲活动内容丰富、名目繁多，且自身也在不断发展变化中。就宏观看目前主要有运动、体验、美食购物、观赏购物、文化学习、节庆六种休闲模式（见表 3–5）。

表 3–5　大水面休闲渔业的六种休闲模式

模式	主要内容
运动模式	以竿钓为主，与渔业相关的休闲竞技运动
体验模式	渔猎训练等直接参与渔业生产活动
美食购物模式	大水面游船环境中的餐饮、特色水产品采购等
观赏游览模式	水上观光旅游、湿地生态公园、大拉网捕鱼等
文化学习模式	水族馆、渔业博览、观赏鱼大赛、渔业文化与工艺品展
渔业节庆模式	开渔节、渔民节、龙虾节、冬捕节等

具体到微观的休闲渔业经营，其实实施的形式往往是上述几

种休闲模式的不同排列组合。如内陆地区一些休闲渔庄，多采取“休闲垂钓+美食餐饮+观赏游览+渔文化展示”为主的休闲模式。

第五节　大水面生态渔业典型案例

随着国家对生态文明建设的力度加强，经过积极发展探索，一些地方发挥渔业净水、抑藻类、固碳等生态功能，协调好生产与生态的关系，涌现出千岛湖、查干湖、洪泽湖、梁子湖等产业升级、生态保护、品牌建设、文化传承等方面相得益彰的大水面渔业发展先进典型。

一、查干湖

查干湖地理位置为东经 124°03′～124°34′，北纬 45°09′～45°30′，地处吉林省西北部，位于内蒙古自治区、黑龙江省和吉林省的金三角地区，霍林河末端，同时，是松花江、松花江南源、嫩江三江交汇处和东北平原、松嫩平原、科尔沁草原三原重叠处。查干湖一般湖底海拔 126m，最大湖水面 307km^2，水深 4m，湖周长 104. 5 千米，最大蓄水量 4. 15 亿 m^3，东西长 38 千米，南北宽 14 千米，是吉林省内最大的天然湖泊。查干湖区具有丰富的自然资源。是著名的渔业生产基地。有鱼类 15 科 68 种，年产鲜鱼 6 000t，水花 1. 5 亿尾，鱼苗 350t，查干湖盛产的胖头鱼获得了国家 AA 级绿色食品和有机食品双认证（图 3-4）。

（一）活水——艰苦奋斗，引松济湖

吉林省的西北部，松原市、前郭县、大安市、乾安县一带，地势低洼、水网密布，嫩江与松花江在此汇合。2 条大江及其支流河道穿越岁月长河，经过不断的交融、摆动和改道，形成大面积的湖泊及湿地。查干湖处于这个生态群落的核心位置，面积最大，举足轻重。

图 3-4　查干湖冬捕盛景

前郭县地方国营“查干泡渔场”，因湖而设，创始于 1960 年 6 月，当年的渔获物超过 6 000t，以天然生长的鲐鱼、鳇鱼等为主，颇为风光。从那个时候起，受人口、耕地数量增长及气候变化、水源断流影响，查干湖开始萎缩，从泱泱大湖渐渐走向盐碱干涸。到 20 世纪 70 年代初期，水面仅剩 5 万亩，不足丰腴期的 1/10。大湖补不上水，湖床荒地成为沙尘暴的发源地，渔获物逐年减少，周围农田常常因为干旱没法春播种，造福千年“大水泊”转眼变成“害湖”。

1976 年年初，前郭县委经过考察论证，决定从松花江开渠引水，救济查干湖。9 月 6 日召开动员大会，全县 30 多万各族人民群情振奋，主动齐上阵。此后连续 6 年，举全县之力开挖“引松渠”，各公社、大队及县直单位包工包段，展开社会主义劳动竞赛，自带干粮赶工期。工地上彩旗飘飘，最多时有 8 万多建设者同时出工。在那个“铁器时代”，机械设备几乎为零，靠最原始的人力劳动大干水利，靠“愚公移山精神”改造河山。

1982 年 8 月 28 日，一条上宽 80m、下宽 50m、53. 85 千米长

的“草原大运河”，终于打通。这一条黄金水道，引进松花江及洮儿河、霍林河的活水，每年为查干湖补水 1.6 亿 m^3，小水泊又逐渐变回了大水泊。“复活”后的查干湖，如今是吉林省最大的内陆湖，南北长 37 千米，东西宽 17 千米，总面积 506km^2，水面面积 420km^2，年均蓄水量 7 亿 m^3，平均水深 1.5m，最深处约 6m。水流银，土生金。“引松工程”真正解渴，环查干湖小气候及生态环境很快得以改善，周围几个县市的上百万亩粮田能够排灌自如。引水渠还是个天然产卵场，有利于鱼妈妈洄游产卵、繁育幼苗。

（二）放鱼——以水养鱼，以鱼养水

一湖活水，为查干湖渔场带来生机，为查干湖渔农民带来希望，天然鱼类资源逐渐恢复。但“靠自然增殖，渔业无法持续发展，水多鱼少、湖大鱼小现象突出”。加之周围老百姓持有“搂到碗里都是菜”心理，夏季满湖都是渔网，冬季凿冰“抢泡子”，疯狂的掠夺式捕捞，部分渔民甚至带着枪支下湖，造成管理失控。

1992 年松原市成立，市委、市政府下大决心恢复查干湖渔业资源，顶着巨大压力，协调 500 多万元“巨额贷款”，一次性投放鱼种 65 万 kg，开创了省内首家大水面开发、人工增殖放流的先河，当时把东三省的鱼苗买光了。

吉林省相关部门也下大决心综合治理查干湖，省公安厅直接参与打击非法捕捞。2002 年成立查干湖旅游经济开发区，2007 年成立查干湖国家级自然保护区，以法律为准绳，多方努力把偷捕滥捕彻底治住了。

近 20 年来，查干湖“以水养鱼、以鱼活水”，实行轮放轮捕，形成良性循环，保护生态与渔业生产、生态旅游相得益彰。

第一，坚持增殖放流，科学投放鱼苗。查干湖年年封湖涵养和接续投苗，每年春季投苗时按照“一草带三鲢”比例，即投

放一条草鱼同时投放 3 条鲢鱼、鳙鱼。查干湖渔场自建的苗种场，繁育品种齐全，能够自给自足。

第二，坚持人放天养，不搞围湖养殖。烟波浩渺的查干湖及糊汊、通湖河道，通通没有网箱、围网养殖，绝对没有饲料等任何投入品。而大湖养殖也适度适量，杜绝自身污染。

第三，坚持有序捕捞，做到收放自如。通过扩大网眼，“抓大放小”，休养生息。夏捕用 10cm 网眼，而冬捕改用 20cm 网眼，2~2. 5kg 以上的大鱼才能入网。平时捕捞 10~15kg 的大鱼比较常见，有记录的最大青鱼重达 39kg。

没有鱼的湖泊，必是另一种“干涸”。以鱼控水、以鱼控藻，恰恰是“生物防控”、优化水域环境的科学举措。通过滤食性鱼类控藻，再通过藻类控制氨氮，正日益成为国内外大湖治理的普遍做法。

南来北往的游客，经常拿吉林省查干湖与浙江省的水域相媲美：夏季一湖好水，南有西湖荷塘，北有查干湖芦苇荡；秋季临水赏景，南有钱塘江观潮，北有查干湖泛舟；冬季一湖肥鱼，南有千岛湖张网，北有查干湖冬捕。渔业是资源依赖型产业，党的“十八大”以来我国渔业加快转型升级，走高质量绿色发展路子。大水面渔业不能过度捕捞、过度养殖，但是全面禁止利用也是一种误区。查干湖渔场以渔净水、以渔养水、探索生态渔业的成功实践，值得借鉴推广。

（三）冬捕——渔旅融合，冰湖腾鱼

查干湖的主体，位于前郭尔罗斯蒙古族自治县境内，地处农耕文明与渔猎文明的交汇地，传统农业与现代渔业的交汇地，多民族融合的交汇地。查干湖冬捕，是目前中国北方唯一延续传承的传统捕捞方式，享有“冰湖腾鱼、冰雪盛宴”的美誉，入选“吉林八景”。

冬捕属于集体合作、多人配合的劳动项目。为了冬捕，各行各业都开工作业，木匠打爬犁，车匠造马车，皮匠做皮袄，鞋铺做靰鞡，织工编渔网，割苇的人也忙着准备鱼屯子。每一个细节，每一个构件，每一项操作，都值得玩味。捕捞作业的大网长达2 000m，作业面积“1 公里见方”。渔网从入网口下水，向两边延伸，每间隔 20m 要凿冰穿网；左右两边各行走 1 000m 长的渔网，最后到出网口汇合，满满的一网鱼陆续出水、在冰面上腾跃。开捕那天，4 趟网作业，4 张网起鱼，恢宏壮观。只有身临其境，才能感受到渔猎文化的丰厚底蕴，感受到古老图腾的精神传承。

查干湖冬捕的“绝活儿”，在于把“马拉绞盘”正式保留下来；走网起网，不搞机械化操作，靠马匹拉动和人工操作。每趟网作业需要 52 个人，一整套体力活儿、耐力活儿，一切听从鱼把头、副把头吆喝。鱼把头就是冬捕的领头人、现场作业总指挥。传统捕捞作业，其实已经融入许多现代渔业的要素。过去老把头也有“迷冰”的时候，上冰之后找不到东南西北，转一宿转一天走不出来的，而现在一部手机定位解决了；过去网纲是麻的、网线是棉的，老沉了，一片网 20m 长要 4 个人抬，而现在都是聚乙烯的，省工省力。

查干湖是金字招牌，冬捕就是镀金的名片。有多少摄影爱好者、冰雪爱好者，都是冲着这个来的。自 2002 年以来，查干湖连续举办了 16 届“中国 · 吉林查干湖冰雪捕鱼旅游节”，引起巨大的轰动效应。2017 年冬捕，“头鱼拍卖”成交价达 90 多万元。2017 年冬捕期间，在原有冰雪项目的基础上，进一步加大了冬季游乐项目的开发力度。引进冰雪马拉松、冰上越野车赛等，开发了冰雪嘉年华、冰雪民俗园、冰雪塔虎城、滑雪场、冰上购鱼超市、冰上餐厅、冰雕、雪墙、雪山、景观小品等，打造了吉林省最大的冰雪游乐园，查干湖的人气得到了很大的提升。

查干湖人，立志把查干湖旅游岛打造成集生态渔业、生态农业、生态养殖业、生态旅游业于一体，生态宜居宜游的度假天

堂。有水有鱼，带动一方经济。2017 年，查干湖渔场全场社会生产总值突破 2 亿元；其中生产商品鱼 5 300t，渔业总产值 7 000 万元；农业和养殖业产值 2 000 万元；旅游业、个体工商及其他产值 1.1 亿元。渔场现有人口 2 300 人、职工 1 100 人，人均纯收入接近 3 万元。截至 2017 年年底，查干湖渔场拥有资产总额达 5.2 亿多元。几十年来，在多数国有农场渔场经营困难、甚至垮掉的背景下，查干湖实现国有资产大幅度增值保值。

二、千岛湖

千岛湖位于北纬 29°11′~30°02′，东经 118°34′~119°15′，地处浙江省杭州市淳安县境内，小部分连接建德市西北，是为建新安江水电站拦蓄新安江下游而成的人工湖。湖区面积 573km^2，库容量达 178 亿 m^3，森林覆盖率达 95%，湖内有各种淡水鱼类 114 种。千岛湖水在中国大江大湖中位居优质水之首，为国家一级水体，不经任何处理即达饮用水标准，被誉为“天下第一秀水”。1984 年 12 月 15 日浙江省地名委员会正式将新安江水库命名为“千岛湖”（图 3-5）。

图 3-5 鸟瞰千岛湖

千岛湖有机鲢鱼、鳙鱼，以滤食水中的浮游生物为饵料，每生长 1kg，就可以消耗近 40kg 的蓝绿藻。通过大量的种苗增殖投放，经过长达 7 年的自然生长，能将水体中的氮、磷等营养物质转化为鱼体蛋白质，同时，通过科学合理的鱼货捕捞将其带出水体，从而达到净化水体的作用，实现生态系统的自然恢复。这就是今天被人们所熟知的“保水渔业”理论体系。今天，保护渔业资源就是保护水资源、保护水资源就必须保护渔业资源的理念已深深地在淳安人民的心中落地生根。

一条鱼完美地把生态保护和经济发展这一看似矛盾的双方相互融合统一起来，在全国掀起了一股吃鱼头的热潮，并带动了全国鱼文化主题餐饮业的兴起和地方旅游、餐饮、物流以及水饮料业的繁荣和发展。逐步形成了以生态为依托、以保水为前提、以文化为统领的集养殖、管护、捕捞、销售、加工、烹饪、旅游、文创为一体的完整产业链，被誉为中国水库湖泊生态渔业发展的千岛湖模式。

千岛湖淳鱼通过理念创新，实施有机鱼和原产地标志认证，实现了从一条普通的鲢鳙鱼到中国第一条有机鱼；通过商标注册，实施低成本创意营销，实现了从一个地方农业品牌到中国淡水活鱼类第一个驰名商标；通过延伸产业链，实施精细化生产和运营，实现了从单一的传统渔业到一、二、三产相互融合发展的品牌和创意渔业；通过场景重构，实施产业结构升级转型，实现了从一个简单的捕捞场景到“中华一绝，巨网捕鱼”旅游项目。

目前，千岛湖常年保持着国家一级地表水体，能见度达 10m 以上。每年渔业直接经济产值逾 10 亿元，直接带动地方相关产业产值逾 50 亿元。淳安城区拥有大大小小的鱼餐饮酒店逾 1 500 家，直接和间接带动地方就业近 5 万人（次）。年接待国内外游客上千万人（次），相继接待前来考察交流的企业和组织逾 100 批（次），实现旅游经济收入近 120 亿元。

千岛湖淳鱼因净化水体生态环境而“生的伟大”，又因给人们带来美味和走上富裕而“走的光荣”。绿水青山就是金山银山，一个影响深远的生态文明新理念为淳安的发展指明了方向。

三、洪泽湖

洪泽湖属于过水性湖泊，水域面积随水位波动较大。在正常蓄水水位 12.5m 时，面积达 2 069km^2，容积为 31.27 亿 m^3，是中国第四大淡水湖。在江苏省西部淮河下游，苏北平原中部西侧，淮安、宿迁两市境内，地理位置在北纬 33°06′~33°40′，东经 118°10′~118°52′，为淮河中下游结合部。洪泽湖湖面辽阔，资源丰富，历史悠久，既是淮河流域大型水库、航运枢纽，又是渔业、特产品、禽畜产品的生产基地，素有“日出斗金”的美誉。洪泽湖水生资源丰富，湖内有鱼类近百种，以螃蟹，鲤鱼、鲫鱼、鳙鱼、青鱼、草鱼、鲢鱼等为主；洪泽湖的螃蟹也是远近驰名的。此外，洪泽湖的水生植物非常著名，芦苇几乎遍布全湖，繁茂处连船只也难以航行。莲藕、芡实、菱角在历史上即素享盛名，曾有“鸡头、菱角半年粮”的说法（图 3-6）。

图 3-6　洪泽湖

洪泽湖湿地主要水生动物分为底栖动物和鱼类。其中，底栖动物 61 种，鱼类 68 种。在生态类型上，洪泽湖鱼类主要分为以下几种：①湖泊定居型鱼类，能在洪泽湖完成整个生活史周期，如银鱼、鲤鱼、鲫鱼、黄颡鱼等。定居性鱼类在洪泽湖中种类多数量大，在渔业生产中占有重要地位。②流水性鱼类，习惯于生活在流水环境中，如光泽黄颡鱼等。③江湖洄游型鱼类，它们在江河流水环境中产卵繁殖，在湖泊湿地中生长发育，如青鱼，草鱼，鲢鱼等，这也是洪泽湖渔业的重要组成。④江海洄游型鱼类，它们性成熟后在海水中繁殖产卵，幼鱼溯河到湖泊中生长发育，如鳗鱼是分布于该湖的海淡水洄游性鱼类。

近年来，泗洪县切实加强了洪泽湖湿地的环境保护，建设了防火隔离带和鸟类救护站，吸引了大量珍稀鸟类繁衍生息；实施了缓冲区移民安置和围网拆除工程，野生荷花、芦苇等植被得到有效恢复；建设了湿地博物馆、水族馆、千荷园等一批生态景点景区，洪泽湖湿地保护区的对外影响力和知名度不断提升，正在发展成为宿迁地区热门的旅游景区。洪泽湖湿地生态水景苑是集生态游览、科普教育、会议休闲为一体的旅游度假景区。景区分为湿地生态植物园、湿地迷宫体验区、湿地生态休闲区、湿地文化体验区、湿地水上运动区、荷苑等六大板块，现已建成鱼类繁育中心、湿地生态博物馆、垂钓中心、水上运动区、湿地水族馆、千荷园、湿地芦苑区、精品荷花区、水上网球场、沙滩排球场等旅游景点和一个集餐饮、住宿、娱乐为一体的金水山庄度假村。

洪泽湖是全国大湖中唯一的活水湖，水质优良，极利于优质大闸蟹生长。洪泽湖大闸蟹已经成为知名品牌，洪泽湖大闸蟹生态养殖水面已达 10 万亩。在国际大闸蟹节中，一系列活动围绕养蟹、说蟹、卖蟹这一主线宣传推介洪泽湖品牌。是大水面养殖的典型成功案例。

四、梁子湖

梁子湖区地处长江中游南岸，位于湖北省东南部，东与黄石市交界，南与咸宁市为邻，西与武汉市接壤，处于武汉、黄石、鄂州、咸宁四市之间，素有鄂州市南大门之称。现辖东沟、沼山、太和、涂家垴4镇和梁子湖生态旅游区。辖区内总人口18万人，总面积482.5km²。是著名的“百湖之市”“鱼米之乡”。梁子湖区西部为梁子湖洼地，南部为山带。地貌为条带状相间的低山丘陵，沉积盆地。地形为南边多低山，北部和西部多丘陵和湖泊，东边最高峰为沼山峰，海拔418m。地势北高南低，中部丘岗隆起，东西低平开阔，微向东洞庭湖倾斜。地貌分区特征明显：北部为低山丘陵区，间有溪谷平原，中南部为丘岗区，其余为平原（图3-7）。

图3-7　梁子湖

梁子湖渔业资源丰富，有鱼类100余种，其中经济鱼类50余种，主要有草鱼、青鱼、鲶鱼、鲤黄、鳜鱼、武昌鱼、鲢鱼等；特种水产有银鱼、虾、螃蟹、鳖、乌龟、牛蛙等；水生植物有藕、莲、皎白等。

武昌鱼养殖水面积 3. 2 万亩，年产量 3 200t；红尾鱼养殖水面积 9 万亩，年产量 1 100 t；黄尾鱼养殖水面积 9 万亩，年产量 1 300 t；鳜鱼养殖水面积 8 万亩，年产量 800t；沼山银鱼养殖面积 5 000 亩，年产量 200t；东沟珍珠养殖面积 2. 1 万亩，年产量 80t；梁子湖螃蟹养殖面积 3. 5 万亩，年产量 675t。

梁子湖管理者对湖里的野生鱼进行保护式开发利用，成立了武汉梁子湖野生鱼渔业有限公司，形成了较好的野生渔业模式。

梁子湖还是武昌鱼的发源地，通过跟高校合作形成了武昌鱼的品牌效应。

第四章　稻渔综合种养技术

我国稻田养鱼的历史至少有3000年，《诗经》就曾记载稻田养鱼方法和渔具。北魏农学家贾思勰的《魏武四时食制》曾经记载“陴郫县子鱼黄鳞赤尾，出稻田，可以为酱”。新中国成立以后，随着国家的逐步重视，稻田养鱼的内容不断丰富，逐渐形成了稻渔综合种养的新模式。

稻渔综合种养是根据生态循环农业和生态经济学原理，将水稻种植与水产养殖技术、农机与农艺的有机结合，实现了一水两用、一田多收、生态循环、提质增效。

第一节　养殖模式与品种

稻田综合种养主要有：稻—鱼、稻—虾、稻—蟹、稻—鳅、稻—蛙及稻鳖等模式。

一、稻鱼模式

稻田水浅，杂草、昆虫和底栖动物较多，适宜养殖耐高温的杂食或草食性鱼类，主要以鲤鱼、鲫鱼为主，如呆鲤、禾花鲤、乌鲤、芙蓉鲤鲫，适量搭配草鱼。鲤鱼：鲫鱼：草鱼配养比例为8：1.5：0.5，水稻移栽后10~15天放养鱼苗。放养10cm以上的冬片鱼苗，一般每亩放养300尾。

二、稻虾模式

适合稻田养殖的常见淡水虾有：克氏原鳌虾（又名小龙虾）、青虾（又名河虾）、红螯螯虾（又名澳龙）等，尤以小龙虾为主要养殖品种。

稻田养殖小龙虾放养方式有二种：幼虾放养或亲虾放养。

幼虾放养：在当年的3—4月，规格整齐，体质健壮，爬行敏捷，附肢齐全的幼虾苗，每亩投放规格为150~300只/kg的幼虾40~50kg。可采取分批放养的方法。幼虾投放应在晴天早晨、傍晚或阴天进行，避免阳光直射。幼虾运输和投放时应避免离水操作，幼虾运到田边应先进行泡袋调温，温差不超过2℃，然后沿田间沟多点均匀放养。

亲虾放养：选择颜色暗红或深红色、有光泽、体表光滑无附着物；个体大，雌雄性个体重应在35g以上，雄性个体宜大于雌性个体；雌、雄性亲虾应附肢齐全、无损伤，无病害、体格健壮、活动能力强。

在当年8—10月，每亩投放抱卵亲虾5~10kg，或者按雌、雄性比（2~3）：1投放性成熟的亲虾15~20kg。投放时将虾筐浸入水中2~3次，每次1~2分钟，然后投放在均匀环形沟和田间沟中。

三、稻蟹模式

中华绒螯蟹，又称河蟹、大闸蟹，是稻田养蟹的主要品种。选择个体规格一致（平均规格16g/只左右），肢体健全的活力个体，每亩投放300只。放养前用20mg/L高锰酸钾溶液浸泡1~2分钟或用3%~4%食盐水浸泡3~5分钟进行体外消毒。

四、稻鳅模式

适宜稻田养殖的泥鳅品种主要有：泥鳅、台湾鳅等。目前大

多数养殖的品种为台湾泥鳅，其长速快抗病能力强；但也有养本地泥鳅的，虽然生长较慢，但更受消费者喜爱，价格较高。选择苗种色泽光亮、体质健壮、规格整齐的鳅苗，鳅苗规格为 600 尾/kg，放养密度为 1.1 万尾/亩。放苗时，选用高效低毒的消毒剂 10%聚维酮碘溶液 0.35mg/kg 药液消毒 5 分钟后及时下田。

五、稻蛙模式

稻田养蛙的品种主要是黑斑蛙，又称青蛙、田鸡。放养方式有投放卵块和投放蝌蚪 2 种：投放卵块，一般每平方米可放卵 4 000~7 000 粒；投放蝌蚪：一般每亩放养 5 万尾左右，每亩青蛙产量 500~800kg。

六、稻龟/鳖模式

稻田养殖的龟鳖主要是中华草龟和中华鳖。每亩放养体质健壮，且大小基本一致的龟鳖。一般放养密度为：鳖苗平均规格 420g/只左右放养 200 只/亩，200~400g/只的幼鳖放养 300 只/亩，2 龄以上 50~100g/只的鳖苗放养 400~600 只/亩，且雌雄比例为（4-5）：1 为宜。龟苗平均规格 80~100g/只的放养 600 只/亩，8~10g/只的放养 2 000 只/亩。

第二节　条件与设施

一、稻鱼模式条件与设施

（一）稻田选择条件

养鱼稻田应选水源充足、灌排方便、稻田地势应保证其在雨季中不会被大水淹没，且水源水质和土壤保水性要好，保证在养鱼后不缺水。该模式既可适应保水性好的丘陵梯田，也可适应水源充沛的平原田块，稻田面积可随地形调整。

（二）田间工程与设施

1. 加固田埂

养鱼稻田整修时，需对田埂进行加高、增宽、夯实处理，必要时可采用保水性好的三合土进行护坡，保证雨季不塌垮，养殖期间不漏水；田埂高度应高出田面 0.6~0.8m，田埂顶宽 1m，在沟凼内侧，筑内侧田埂高 30cm，顶宽 20cm，防止秧苗前期，鱼进田伤禾苗。

2. 开挖鱼凼

鱼沟和鱼凼是稻田养鱼的主要场所。在田边或田中挖鱼凼，鱼凼深 0.8~1.5m。鱼凼依田大小而定，一般开成方形或圆形。田中开鱼沟，沟宽 50cm，沟深 30cm，沟呈“十”字形、“井”字形或“目”字形等形状，并与鱼凼相通。一田一凼，凼沟面积占稻田面积的 8%~10%。如果不开挖鱼凼，可沿田埂内侧开挖深 1m，宽 1m 以上的围沟。

3. 进排水设施

进、排水口的地点应选在稻田相对两角的田埂上，如此，进、排水时可使整个稻田的水顺利流转。进、排水口要设置拦鱼栅，避免逃鱼。拦鱼栅可用木、砂网、尼龙网、铁丝制作，安装时使其呈弧形、凸面向田内，并插入泥底 50cm 以上，左右两侧嵌入田埂口子的两边，务必扎实牢固。可在进水口内侧附近加上一道树枝篱笆，可有效防止鱼顶流跃逃，也可防止拦鱼栅因拦截渣杂塞栏而引起阻水或倒栏。

二、稻虾模式条件与设施

（一）稻田选择条件

养虾稻田应选地势平坦、水源充足、灌排方便、不受旱涝影响，且水源水质和土壤保水性要好。面积大小不限，一般以 50~

100 亩集中连片为宜。

(二) 田间工程与设施

1. 挖沟

沿稻田田埂外缘向稻田内 7~8m 处，开挖环形沟，堤脚距沟 2m 开挖，沟宽 3~4m，沟深 1~1.5m，坡比 1：(1.5~2)。稻田面积达到 50 亩以上的，还需在田中间开挖“十”字形田间沟，沟宽 1~2m，沟深 0.8m。

2. 筑埂

挖沟取土堆放加高加固田埂，田埂应高于田面 0.6~0.8m，顶部宽 2~3m。田埂加固时每加一层泥土都要进行夯实，以防渗水或暴风雨使田埂坍塌。保水性较差的土质筑埂时，可分层筑埂，在田埂中间铺设塑膜层，可防止小龙虾将田埂掘空导致渗水坍塌。在虾沟内侧，筑内侧田埂高 30cm，顶宽 20cm，一是利于田里秧苗生长保水；二是防止秧苗前期，虾进田伤禾苗。

3. 进排水设施

进水口用 40~60 目密网封口扎牢，或用 40~60 亩尼龙网和钢筋制作拦鱼栅，安装时使其呈弧形、凸面向田内，并插入泥底 50cm 以上，左右两侧嵌入田埂口子的两边，务必扎实牢固；排水口 40~60 亩尼龙网和钢筋制作防逃栅，安装时使其呈弧形、凹面向田内，并插入泥底 50cm 以上，左右两侧嵌入田埂口子的两边扎牢。

4. 防逃、防鸟设施

田埂围建高 30cm，基部入土 15cm 的厚质塑料膜或石棉瓦或塑钢板做防逃墙。在养殖区域周围悬挂光碟或风带，通过反光和风带响声起到一定的驱鸟作用；面积较小苗种培育田可考虑架设防鸟网。

5. 种草投螺

(1) 沉水植物种植。以环沟与“十”字沟的面积计算种草投螺量（下同）。沉水植物品种有轮叶黑藻、菹草和伊乐藻等。采取播种或移栽的方法进行种植。沟底每隔1~2m种植一兜，每兜10~15株，但种植面积不超过水面的2/3，种草后田沟中注水至水面淹没草顶部，待水草生根成活后逐渐加深水位，使水草往上长。

（2）浮水植物移植。浮水植物品种有水花生、水葫芦、狐尾草等。用8~10m^2的浮性木框或PVC框固定，水草移植面积占水面的1/5。

（3）螺蛳投放。清明节前每亩投放活螺蛳50kg。

三、稻蟹模式条件与设施

（一）稻田选择条件

养蟹的稻田要求选择水源充足、水质良好、排灌方便、保水力强、土质肥沃田块，常年不脱水的沤田也可。

（二）田间工程与设施

1. 筑埂挖沟

应加高加固养蟹稻田的四周田埂，埂高60~80cm、埂宽2~3m，埂土夯实，防止漏水逃蟹，沿稻田埂埋入薄膜或网布，以防河蟹打洞逃逸；在田块四周开挖环沟，环沟宽3~5m，深1.5m，坡比1∶3。面积较大的田块中间要开挖蟹沟，沟宽沟深均为50~80cm，可开成“十”“井”等形状，在沟内侧，筑内侧田埂高30cm，顶宽20cm，一是利于田里秧苗生长保水；二是防止秧苗前期，蟹进田伤禾苗。蟹沟面积占总面积的10%~20%。

2. 进排水设施

根据螃蟹的洄游习性，为便于捕蟹，进水口最好设在田块的西北方或西方，排水口设在东南方或东方。进排水口地基要夯实，铺上一层扁砖后，上置直径40cm的水泥管，用水泥沙石砌

成，其间衔接要无间隙，进水口最好做成弯曲状。进排水口要用聚乙烯网片密封，再建一道竹栅，并加盖网片，预防螃蟹从进排水口逃跑。

3. 防逃设施

河蟹攀爬能力很强，稻田养蟹需建设围栏防逃设施，可选用表面光滑的塑钢板沿田块四周围栏，板埋入土下10~20cm，高出地面50cm左右，外侧用木桩或铁杆支撑，四角做成圆弧形。这种防逃墙具有运输安装方便、效果好等优点，一般可使用3~5年。

4. 水草投螺

在环沟内种植伊乐藻、轮叶黑藻、金鱼草等沉水植物，同时在环沟水面种植水葫芦、狐尾草等，放养面积占环沟面积的30%~40%。清明节前每亩投放活螺蛳50kg。

四、稻鳅模式条件与设施

（一）稻田选择条件

靠近水源，排灌方便，水质无任何污染，且符合无公害水产品产地环境要求，土质肥沃、保水力强，无渗漏。地势以平坦、低丘田为宜，不受旱涝影响。养殖稻田面积以5~10亩为宜。

（二）田间工程与设施

1. 挖沟筑埂

田沟是养殖泥鳅的主要场所，沿稻田四周开挖环沟，沟宽2m，深1m；面积较大的田块可在田间设置“十”字形鱼沟，沟宽、深均为0.5m，鱼沟处原有的秧苗移向两边，做到减行不减株，并做到沟沟相通；环沟面积占稻田面积的10%左右。

开挖的土用于加高、加宽田埂，并夯实加固，严防漏水；沟外侧田埂高出田块60~80cm，顶宽1m；沟内侧田埂高30cm，顶宽20cm。内外田埂不同高度的设置利于养殖期田块水位的控制及泥鳅的生长活动。

2. 进排水设施

在稻田的对角开设进、排水口，管道采用 PVC 管材，布置管道时夯实加固管道周围的泥土，防止长期流水冲刷出现漏洞，同时，管道口加设拦鱼网（40～60 目），防止泥鳅逃逸和敌害入侵。

3. 防敌害设施

泥鳅的逃逸能力很强，在稻田四周用宽幅为 1.5m 的 7 目聚氯乙烯网片做防逃网，紧靠田埂，下埋 0.5m，用木桩、铁丝固定，防止陆地上的蛇、鼠等敌害。鸟类对泥鳅的危害非常大，在稻田的上空架设防鸟网，网目规格为 2a＝15cm，用钢管做立柱，细钢丝做钢绳。防鸟网高于水面 1.5m，以防止鸟类落在网上，由于自身重量使网距离水面较近，仍然可以捕食泥鳅。

五、稻蛙模式条件与设施

（一）稻田选择条件

稻田养蛙的田块应选择相对偏离人居住的地方，且田块相对规整、大小适宜、水源方便、天干不旱和雨涝不淹；田块不宜过大，大小以 $200m^2$ 左右为宜，过大不利于观察蛙群在田间的活动及采食情况，不利于蛙群的人工驯化投料和集中饲养管理；过小则容易造成蛙群过度集中而发生踩踏伤亡事件。

（二）田间工程与设施

1. 围网分割

对于田块可用围网（防逃网）分割为若干小单元，大小以 $200m^2$ 左右为宜，并在围网内留出距蛙沟约 80cm 宽的田埂。

2. 开挖蛙沟蛙溜

蛙沟蛙溜的建设不仅能满足蛙类动物的两栖生活习性，也能

便于后期水稻收割前对蛙类的捕捉。蛙沟的建设可沿田埂内侧四周开挖1条宽0.6m、深0.8m的环形蛙沟，并在田间开挖一定数量的面积约$8m^2$、深1.2m的蛙溜，蛙溜的数量及大小可根据蛙种投放密度进行合理调整，并利用开挖的泥土加宽、加固、加高田埂。

3. 食台搭建

（1）木条食盘。用木条钉成长2m，宽1.2m的长方形框架，底部用40目的尼龙窗纱蒙上，再在食盘四边用宽2cm、高1.5cm的木条钉紧。这种食盘便于投放，用完后好清理，生产期间方便清理残余饲料，可使用3~5年。缺点是制作成本较高，驯食期小幼蛙常钻入食盘下方，易擦伤而发生腐皮病。

（2）塑料食盘。可向生产厂家定做，一般为长90cm，宽60cm，具体可根据自身养殖池的食台条件而定。此种食盘投放及收集整理简便，投食不受地下水气的影响，清除饲料残余极为方便；缺点是容易老化，成本较高。

（3）整体食台。可依据养殖池食台大小量身定做，像稻田养蛙一般一般宽为1.2m，长度依养殖池实际长度而定。一般需铺两层，下层为黑色的防晒网，上层可用40目的白色网布铺设，上下层每用线管或木条隔出一定高度的缝隙，网布四边扎入泥土中。其优势为制作成本低，驯食无死角，蛙不会钻入食台下方，驯食快且比例高；缺点是不便维护，食台下易生草而导致变形，使用年限短。

4. 进排水系统

进排水口则按照“高进低出”的原则分别设置在田块的高、低两处，并用隔离网（40~60目）阻止外来有害生物及其他杂质进入田间。

5. 防逃防敌害设施

蛙类善跳跃，且有白天躲藏于湿润的草丛和松散的泥土之中的习性，因此在利用尼龙纱网建造防逃隔离带的时候，须将尼龙纱网埋入田埂泥土中 20cm 左右，并保证地上部分高度在 1~1.2m 以上，然后用竹竿、木棒、钢管等每隔 1.5m 固定。此外，可用塑料薄膜等质地光滑的材料覆盖在地上部分的防逃尼龙纱网上缘 10~15cm 处，防止个别蛙攀爬逃跑。

蝌蚪及幼蛙天敌较多，蛇、鸟、黄鳝及老鼠等对幼蛙都将造成不小的损失，因此，在建设蛙的防逃设施的同时，更应该做好蛙的天敌应对措施。鸟类对蛙的为害非常大，在养殖稻田区域的上空架设防鸟网，网目规格为 2a = 15cm，用钢管做立柱，细钢丝做钢绳，防鸟网高于田面 2~2.5m。

六、稻龟/鳖模式条件与设施

（一）稻田选择条件

选择水源条件好，充足、排灌方便、保水力强、天旱不干、洪水不淹的田块，稻田土壤以无污染，肥沃且保水力强的黏土为宜；稻田区域内要求光照充足，用于稻谷的光合作用和龟/鳖晒背，同时，又有一定的遮阴条件，用于龟/鳖栖息。

（二）田间工程与设施

1. 筑埂挖沟

（1）加固田埂。稻田四周建田埂，田埂顶部宽 2m，田埂高度比稻田田面高出 1m 左右，坡比相对较大为 1∶3，便于龟/鳖休息、晒背、产卵等活动。田埂加固，加固时每层土都要夯实，做到不裂、不漏、不垮，在满水时不能崩塌，确保田埂保水性能。

（2）开挖龟/鳖沟和龟/鳖溜。龟/鳖沟和龟/鳖溜主要是给龟/鳖提供活动、觅食和避暑的场所。田内根据稻田形状开“十”“田”“日”字形沟，沿稻田田埂内侧四周开挖上宽 2.0~3.0m、下宽 1.5m、深 0.8~1.0 m 的环形龟/鳖沟，稻田中间开

挖上宽 1.0~1.5m、下宽 0.5m、深 0.6~0.8m 的田间龟/鳖产卵台，并在稻田四个拐角处开挖龟/鳖溜，龟/鳖溜长 4~6m，宽3~5m，深 1.2~1.5m。另外，在稻田的一角留 1 条宽 4~5m 的机耕通道，以便于插秧机、收割机等作业机械进出。龟/鳖沟的面积不超过稻田面积的 10%。环形龟/鳖沟内壁用砖、石浆或者混泥土浇铸成 15cm 厚，然后用水泥砂浆抹面。

2. 防逃设施

龟/鳖喜用四肢掘穴和攀逃，防逃设施建设是稻+龟/鳖生态种养的重要环节。一般用稻田内壁光滑、坚固耐用的砖块、水泥板、塑料板或水泥瓦等材料做防逃墙，墙高为内侧水平以上 50~60cm，设置时要求底部插入田底下 20~30cm 的防逃反边，并向池内侧稍微倾斜，内外沿用碎土铺平夯实，防止积水穿洞，每隔 90~100cm 用竹或木桩捆绑固定。为防止龟/鳖沿夹角爬出外逃，稻田四角转弯处的防逃隔离带做成弧形。用 PVC 管在稻田高地势处设置进水口，在低地势处设置出水口，在进出水口设置闸门，安装金属或聚乙烯材料的防逃拦网，网栏高与防逃墙相同。

3. 晒台、投饵台搭建

在龟/鳖沟的向阳沟坡处，每隔 10m 左右搭建龟/鳖专用投饵台和晒背台。投饵台和晒背台可采用水泥板、木板、竹板或聚乙烯板搭建，投饵台和晒背台宽 0.6~0.8m，长 1.5~1.8m，一端固定在田埂上，另一端倾斜淹没于水中 15cm 左右，另一端露出水面。另外，在稻田中央开挖南北走向的长 4~6m、宽 2~3m、高于稻田正常水位 0.8~1.0m 的沙滩作为产卵台，产卵台坡度比 1∶2，中间铺放 30cm 厚的沙子，供龟/鳖产卵繁殖。为防止夏季日光暴晒和沙子水分蒸发过快，在产卵台上要搭设遮阳棚。

第三节　水稻种植管理

一、水稻品种的选择

用于稻渔综合种养的水稻品种一般为晚稻或单季稻。常用晚稻品种有湘晚籼系列、玉针香系列等。单季稻品种有 Y 两优系列、黄华占等。

二、栽培方法

（一）养鱼稻田中水稻栽培方法

采用平板式栽培，可酌情在田中间开一条沟；采用起垄栽培，机械插秧的可按二幅插秧宽度设计沟厢的宽度，沟深 20~30cm，作业往返一次无需跨沟，早稻或双季晚稻栽培，每公顷插足 30 万穴。一季稻抛秧或手栽的按 140cm 开厢起垄，垄厢宽 100cm，垄沟宽 40cm，垄沟深 30cm。垄上种 4 行水稻，行株距 30cm×16.5cm，每公顷插足 15 万穴，每穴插 2 粒谷秧，每公顷插足 75 万~90 万基本苗。

（二）养虾蟹稻田中水稻栽培方法

采取浅水栽插，条栽与边行密植相结合的方法，养虾稻田宜推迟 10 天左右。无论是采用抛秧法还是常规栽秧，都要充分发挥宽行稀植和边坡优势技术，移植密度以 30cm×15cm 为宜，以确保小龙虾生活环境通风透气性能好。

（三）养鳅稻田中水稻栽培方法

水稻种植以人工扦插或机插为主，株距为 20cm，行距为 25cm，边行适当密植，以充分发挥边际效益，平均不少于 13 500 穴/亩，保证水稻产量。稻株之间通风透气性能好，能保证泥鳅良好的溶解氧环境，便于泥鳅活动。

(四) 养蛙稻田中水稻栽培方法

根据当地气候条件和种植习惯可采用抛秧、直播、插秧。5月中下旬进行稀直播，用种量为2.5~4kg/亩，或者5月底至6月上旬，在秧龄20~25天、叶龄5~7叶时，采用人工移栽或机插。移栽行距0.3m，株距0.2m，每兜2~3株。

(五) 养龟/鳖稻田中水稻栽培方法

5月育秧，6月中旬进行机插秧，水稻栽植前施草木灰作基肥，以后施用化肥15kg。栽插时大垄双行（宽窄行），6月前后种植的水稻每亩1万丛左右，一般机插秧的行距固定在30cm，株距可根据不同季节、不同品种调整，以20cm左右为宜，以便为龟/鳖在秧苗行株距中爬行活动提供方便。

三、水稻施肥与水位管理

(一) 施肥管理

1. 水稻需肥量

水稻是需肥较多的作物之一，一般每生产稻谷100kg需氮（N）1.6~2.5kg、磷（P_2O_5）0.8~1.2kg、钾（K_2O）2.1~3.0kg，氮、磷、钾的需肥比例大约为2∶1∶3。

水稻对氮素吸收高峰期在分蘖旺期和抽穗开花期；如果抽穗前供氮不足，就会造成籽粒营养减少，灌浆不足，降低稻米品质。

水稻对磷吸收最大时期在分蘖至幼穗分化期。磷肥能促进根系发育和养分吸收，增强分蘖，增加淀粉合成，促进籽粒充实。

水稻对钾吸收最多时期是穗分化至抽穗开花期，其次是分蘖至穗分化期。钾是淀粉、纤维素的合成和体内运输时必需的营养，能提高根的活力、延缓叶片衰老、增强抗御病虫害的能力。

2. 科学施肥

（1）施足基肥。开展稻渔种养的稻田在秧苗移栽前要施足基肥，基肥品种以有机肥为好，时效长，效果好。一般可亩施有机肥 250~500kg，缺少有机肥的地区也可用无机肥补充，总施用量以基本保证水稻全生育期的生长需要为宜。

（2）少施追肥。开展稻鱼共生的稻田，由于鱼类粪便排泄物及残饵含有丰富的氮磷等营养元素，可作为缓施肥被水稻吸收利用。一般全年生育期补施 1~2 次追肥，每次每亩用尿素 2.5kg 左右。

（3）减少或消除追肥对水产动物的影响。水稻追肥主要是施用氨态氮肥，会导致水体氨氮含量急剧增加，氨氮含量过高对养殖动物机体产生应激反应，影响呼吸功能，甚至导致死亡。因此，解决水稻追肥问题，可采用两种方式结合方法进行：① 对水稻进行多次少量的间隔性追肥；② 对水稻进行分块式施肥，即将一块稻田分两部分施肥，中间相隔 2 天左右，这样一部分田施肥时养殖动物可以游向另一边田块进行躲避。

（二）田间水位管理

田间水位管理要遵循“浅水立苗、薄水促蘖、晒田控蘖”的原则。浅水立苗即抛秧 2~3 天不进水，以利于秧苗扎根；薄水促蘖即灌 2~3cm 的水层，以利于促进有效分蘖；晒田控蘖即苗数足够时晒田，以利于控制无效分蘖。水分管理的后期遵循“深水孕穗、浅水灌浆、断水黄熟”的原则，即保持 5~10cm 的水层以利于孕穗，保持 5cm 水层以利于灌浆，黄熟时断水以利于籽粒成熟饱满。

稻渔综合种养各模式中，如何减少或消除水稻生长浅灌、晒田等水位调节对养殖动物的影响。解决方案如下。

水稻对田间水位的要求是前期浅水，中后期适当加深水位。前期稻田水浅，养殖动物个体小，对养殖动物的活动影响不大；

之后，随着水稻生长和养殖动物的长大，田间水位应相应加深，满足养殖动物田间活动要求。

但在水稻栽插 1 个月后需对水稻进行排水晒田、烤田，以控制无效分蘖，促进水稻根系向土层深处延伸，保持植株健壮，防止倒伏提高产量。因此，开挖鱼沟和鱼函时深度应不少于 50cm、100cm，晒田前要清理鱼沟和鱼函，把沟、函内淤泥清到田面或田外，并调换新水，以保持沟、函通畅，水质清新，以保证晒田时养殖动物正常生长。

四、水稻病害防治

（一）水稻常见病害

水稻常见病害有稻瘟病、纹枯病、稻曲病，偶发性病害有南方黑条矮缩病、检疫性病害有水稻细条病等。水稻常见害虫有二化螟、蓟马、大螟、稻飞虱、稻纵卷叶螟等，偶发性害虫有稻秆潜蝇等。

（二）防治方法

应坚持“预防为主，绿色防控”的防治策略，即采用灯光诱杀和生物防治相结合，按每 30 亩安装 1 盏杀虫灯的标准诱杀成虫，每亩投放 100～200 只青蛙。严禁使用除草剂、农药、生物农药等化学和生物药物。

（三）降低水稻病害防治对水产动物的影响

稻田综合种养，要坚持生态防治、减少或避免药物使用。生态防治主要是采用灯光诱杀（如诱虫灯等）和生物防治（如投放青蛙等）相结合的方式进行。水稻虫害严重需要药物防治时，应注意选用高效、低毒、低残留的农药，严禁选用对养殖动物有剧毒的农药、杀虫剂等，可在施药前，先用养殖动物进行药物毒性试验，以便准确掌握药物使用的安全浓度；做好回避措施，施药前，先疏通鱼沟、鱼函，然后加深田间水位或使用微流水，以便于养殖动物回避并降低和稀释水体药物浓度；施药方法，粉剂宜在早晨有露水时喷洒，水剂、油剂宜在晴天16：00左右喷洒，喷嘴或喷头朝上，采用细喷雾，以增加药物在稻株上的黏着力，可采用间隔性分区域洒药，以便给养殖动物回避缓冲的空间。如发现养殖动物中毒，应立即加注新水，甚至边排边灌，稀释药物浓度，缓解中毒程度。

虾蟹类养殖动物对菊酯类和拟菊酯类药物特别敏感，严禁使用该类药物治虫、除草，也需谨防周边其他农业生产排放还有该类药物的农用废水。

第四节　饵料投喂

一、稻鱼模式饵料投喂

在充分利用稻田中的杂草、昆虫基础上，进行人工投饵。按照“四定”原则进行投饵。定时（固定每天8：00—9：00，16：00—17：00）、定点（固定在鱼凼或鱼沟水较深的地点投饵）、定种类基（本保持每天饲料种类一致）、定量（鱼体重的3%~5%）。晴天投饵，阴天雨天酌情不投或少投。

二、稻虾模式饵料投喂

提倡使用小龙虾专用配合饲料，也可使用其他虾蟹配合饲料，或者小麦、豆粕、小杂鱼等精饲料喂养小龙虾。

投喂原则日一般按存塘虾重的3%~8%投喂，以投喂2小时后吃完为宜。日投喂2次，夏季在6：00之前和19：00之后，春秋季在7：00和18：00左右各投喂1次，上午和下午的投喂量分别占日投喂量的30%和70%。饲料投喂在环形沟的浅水处。

三、稻蟹模式饵料投喂

7—10月是螃蟹生长的旺盛期，螃蟹属于杂食性动物但更偏肉食性，对饵料的蛋白要求比较高，若直接投喂螺肉、蚌肉、鱼下脚料等动物性食物在高温季节极易坏水滋生病菌，因此，在螃蟹养殖周期，建议使用专用高蛋白蟹料，且在投喂过程中严格根据吃食情况及时调整投喂量，避免高蛋白饲料过剩而导致水体恶化。同时，在蟹蜕壳前后要在饲料中添加蜕壳素，也可适当增喂一些蛋壳粉、骨粉、虾壳粉等含钙多的饵料。11月以后，水温逐渐下降，可酌减投饵量。

每天投饵量需根据水温及上一天螃蟹的摄食情况灵活掌握，一般为蟹体重的5%～10%。投饵次数为一日2次，6：00—8：00投喂1/3，18：00左右投喂2/3，投喂地以沟边的浅水倾坎上为好。投喂应做到“定时、定位、定质、定量”。

四、稻鳅模式饵料投喂

坚持按照“四定”原则投饵。根据泥鳅生长的不同阶段投喂不同蛋白质含量的饵料，前期选用粗蛋白36%、粒径为1.5mm的饵料，中期选用粗蛋白含量32%的饵料，后期选用粗蛋白含量28%的饵料。投饵料率前期为4%～6%，后期为2%～4%。同时投喂量也视天气、水温、泥鳅摄食情况等灵活掌握，水温高于30℃或低于15℃时，少投喂或不投喂。由于泥鳅比较贪食，为避免泥鳅气泡病的发生，先把饵料浸泡后再投喂。每天投喂3次，9：00左右、14：00和17：00左右。

五、稻蛙模式饵料投喂

1. 种蛙投喂

种蛙入冬前期投喂的饲料要富含蛋白质，特别是富含赖氨酸和蛋氨酸的饲料，以促进种蛙性腺的发育成熟，增加怀卵时和提高雄蛙的配种能力以及增加精子的数量和活力。一般日投料量为种蛙体重的2%，保证蛋白质和必需氨基酸的供应。每天可投料1~2次，每次以刚好吃完为准。

2. 蝌蚪投喂

蝌蚪饲养要做到科学投放饲料，保证其迅速生长，促进提早变态，减少病害发生，提高成活率。当蝌蚪能平游开始，就可以投喂人工饲料。前7~10天可用蛋白含量38%~45%的蝌蚪专用粉料，当蝌蚪头部有黄豆大小时即可采用青蛙专用膨化料投喂，要求饲料蛋白含量不低于38%。投喂次数一般一日2次，早晚各1次。全天投喂量为蝌蚪体重的5%~8%。水温适宜、水质较瘦时可多投；天气炎热、水质较肥时，可减少投喂。在蝌蚪长出后肢后5天左右开始到前肢发育，此时投放的饲料应该逐步减少至2%~3%。如果投料过多，会造成营养过剩，延长变态时间。前肢变态完成后，幼蛙开始上岸，尾部开始被吸收作为营养，尾部逐渐萎缩直至完全消失，此阶段要完全停食，全过程需要5天左右。

3. 幼蛙投喂

当幼蛙脱尾变态比例达到70%~80%，即可开始驯食工作。先从养殖池的4个角开始，每个角上投2~3堆饲料，随着吃食蛙的数量慢慢增加，饲料投放则逐渐向食台中间展开，直至全料台投食，驯化完成，此过程一般需要5~7天。饲料粒径依幼蛙大小来确定。

幼蛙阶段每天可投喂两次，上下午各1次，一般上午占40%，下午投日投饵总量的60%，具体视蛙的吃食情况而定，日投饵量为蛙总重的5%左右。

4. 成蛙投喂

在投料时要掌握饲料的规格与蛙体的大小相适应，一般应小

于蛙的口裂，短于蛙体长度的一半，投料应坚持“四定”：饲料应该投在饲料台上，且每次投喂点要做到基本固定；严格按量投喂、不要太多，也不要太少。一般膨化颗粒饲料投料量约为蛙体重的5%~8%，以2小时内吃完为宜；每天投料2次，6：00和17：00各1次。下午的投料量应占总投料量的60%；要保证投放的饲料新鲜，蛋白质含量稳定，达到36%以上。不投喂腐败、发霉变质的饲料，防止蛙发生食物中毒。要先将饲料盘内的残料清扫和用水冲洗干净后才能放入新料，防止蛙因吃到变质残料而感染胃肠病。

六、稻龟/鳖模式饵料投喂

1. 饲料和饵料来源

龟鳖为偏肉食性的杂食性动物，食性范围广，尤爱食小鱼、小虾、螺蚬肉等天然动物鲜活饵料。根据龟鳖的生理需求，选择营养丰富、消化吸收率高、适口性好的优质颗粒饲料种类或者粉状饲料种类作为配合饲料，以新鲜小鱼虾、鲜鱼肉及一些动物内脏杀菌消毒后为辅助饲料，加上稻田水体中的自然生物饵料及投放的螺蛳、泥鳅和河蚌等，作为龟鳖类的营养来源搭配投喂，做到科学合理投饵。

2. 饲料和饵料制作

中华鳖饲料的配制，并不是简单的混合，而是根据各类饲料的特性和龟鳖适口性进行科学制作。一般龟鳖饲料用配合饲料：鱼浆（肉浆）=1：1的比例进行投喂。首先，将新鲜小鱼虾、鲜鱼肉及一些动物内脏杀菌消毒后，加0.1%~0.3%食盐后用绞肉机打成鱼浆或肉浆，使其中盐溶性蛋白肌球蛋白溶解出来所形成的黏稠糊状物，作为生产龟鳖配合饲料的黏结剂，也是饲料中蛋白质的来源。然后将该鱼浆或肉浆按照1：1的比例充分拌匀，制成团状饲料。饲料要求现做现喂，绝不喂隔餐料。

3. 投喂管理

龟鳖的投喂按“四定”原则进行：①定质：以全价配合饲料为主，兼食水体中天然饵料及田里的螺、草等；投喂饲料据不同季节的水温情况而定，夏季高温应多投喂含蛋白质多的饲料，秋季水温低，应多投喂脂肪略多的饲料。②定量：夏季至秋末，龟鳖生长速度快，投喂量应占全年的70%~80%，一般幼龟鳖人工配合饲料投喂量为体重的5%~8%，成龟鳖为3%~5%。同时，还要根据天气、水温及摄食情况抽喂，在正常天气情况下水温25~28℃时以体重的1.2%投喂，水温29℃以上以体重的1.5%投喂，不良天气看实际吃食情况灵活增减。③定时：日投饵2次，1小时内吃完为宜；日投3次，0.5~1.0小时内吃完为宜。时间为每天8：00—9：00、17：00—18：00，投喂量要合理，过少会影响龟鳖的生长，过多则造成浪费。投喂时，还要保持龟鳖田周围环境安静。采取投饵与防病相结合方法，以减少龟鳖病害。在饲料中加入0.03%VE、0.05%VC、0.1%免疫多糖，可大大增强龟鳖的抗病能力。④定位：投喂在食台上。此外，还要经常清洗食台，清除残饵和病龟鳖。

第五节　水质调控与病害防治

一、稻鱼模式的水质管理与病害防治

（一）水质管理

养殖周期前，保留少部分前一年的稻草沉在水底沤肥，待到4月中旬水温升高，必须捞出残余部分，防止大面积黑水红水的出现。之后每个月泼洒2~3次芽孢杆菌、EM菌等。

调水：在整个养殖过程中都应保持水质的“爽、活、肥、

嫩”，定期注入新水，排放养殖废水；根据水色和消毒情况，定期使用微生态制剂如光合细菌、芽孢杆菌、乳酸菌、EM 菌等有益菌来维持水体的生态平衡即菌相、藻相等。

消毒：不管是放苗前、放苗中，还是后期的养殖管理都要严格把好消毒关；放苗前 7~10 天应对养殖水体用二氧化氯或生石灰进行彻底消毒；在放苗过程中，鱼苗下水前，应对鱼苗进行短暂消毒用 3%左右盐水或用络合碘制剂进行消毒，在鱼苗进行消毒的同时可在水体泼洒抗应激的多维；在后期养殖过程中，应制定详细的消毒安排表，定期对养殖水体进行消毒，防止有害细菌过度滋生。

（二）病害防治

选用无病无伤，体质健壮的鱼苗，有条件的可以先对鱼种进行疫苗注射。苗种入田前用 2%~3%的食盐水浸泡 10~15 分钟消毒。在高温季节用 1mg /L 生石灰或漂白粉沿鱼沟、鱼凼食场周围挂袋，预防细菌性和寄生虫性鱼病。用大蒜、鱼腥草拌料投喂，对鱼的主要病害都有一定预防效果。

二、稻虾模式的水质管理与病害防治

（一）水质调控

适时加注新水保持田间沟内水的透明度在 30cm 左右。根据水温、水质的变化情况经常泼洒微生物制剂和生石灰补充钙源改善水质。注意观察虾的活动、吃食和稻田水质变化。

（二）病害防治

克氏原螯虾常见疾病，见下表，治疗过程应按 NY 5071 要求操作。

表　小龙虾病害防治

病名	病原	症状	防治方法
病毒性疾病	病毒	初期病虾螯足无力、行动迟缓、伏于水草表面或池塘四周浅水处；解剖后可见少量虾有黑鳃现象、普遍表现肠道内无食物、肝胰脏肿大、偶尔见有出血症状（少数头胸甲外下缘有白色斑块），病虾头胸甲内有淡黄色积水	①调整养殖模式，提早捕捞上市；改善养殖环境，降低养殖密度 ②用聚维酮碘全池泼洒，使水体中的药物浓度达到 0.3~0.5mg/L ③也可以采用一元二氧化氯 100g 溶解在 15kg 水中后，均匀泼洒在（按每亩平均水深 1m 计算）水体中 ④聚维酮碘和一元二氧化氯可以交替使用，每种药物可连续使用 2 次，每次用药间隔 2 天
纤毛虫病	纤毛虫	纤毛虫附着在成虾、幼虾、幼体和受精卵的体表、附肢、鳃等部位，形成厚厚的一层“毛”	①用生石灰清塘，杀灭池中的病原 ②用 3%~5%的食盐水浸洗虾体，3~5 天为一个疗程 ③用 0.3mg/L 四烷基季铵盐络合碘全池泼洒 ④投喂克氏原螯虾蜕壳专用人工饲料，促进克氏原螯虾蜕壳，脱掉长有纤毛虫的旧壳

三、稻蟹模式的水质管理与病害防治

（一）水质调控

在放蟹种前 10~15 天，用 75kg/亩生石灰化水后全田泼洒，或用茶籽饼 5~8kg/亩，捣碎均匀泼洒。

养蟹的稻田水中溶氧一般需保持在 5mg/L 以上，pH 值为 7.5~8.5。每隔 7~15 天换水 1 次，高温季节 2~3 天换水 1 次，每次换水 20cm 左右，换水时应注意田内外水温差不能超过 3~5℃，并避免在螃蟹潜伏休息和最佳摄食时间换水。

养殖期间每 15 天泼洒光合细菌、EM 菌等微生态制剂和底改类产品进行水质底质调控，以改善水体水质。

（二）病害防治

坚持“预防为主，防治结合”的原则，尽量少用药，蟹种下田前，需进行消毒，动物性饵料保证其新鲜，并经消毒后投喂。每次摄食后的饵料残渣及时清理，以保证水质。生产工具定期消毒清理，防止外来病菌感染。蜕壳期间，河蟹，身体损耗大、抗病能力降低，易受病害侵袭，及时注意营养以防止河蟹生病。在病害易发季节，可定期投喂中药药饵，一旦发现病蟹，要确诊后对症用药，防止疾病传染。对于蛙类、老鼠、水蛇等天然敌害，发现后要及时清除。

1. 颤抖病

发病初期，病蟹摄食减少或不摄食，蜕壳困难，活动能力减弱或呈昏迷状态。随着病程发展，指节变红，而且不断向上蔓延。步足易脱落；螯足下垂无力，步足连续颤抖，口吐泡沫，不能爬行。病蟹用外消和内服方法综合治疗，外消药用 0.3mg/L 二溴海因等消毒药，内服蟹抖灵等，7 天为 1 疗程；全池泼洒生石灰，调节池水成弱碱性。

2. 黑鳃病

病蟹鳃丝部分呈暗灰色或黑色，重时鳃丝全部变为黑色。病蟹行动迟缓，呼吸困难。也有人称为“叹气病”。该病多发生于成蟹养殖后期，水环境条件恶化是该病发生的主要因素。预防及治疗方法：一是用生石灰清沟；二是治疗可用生石灰连续全池泼洒 2 次，全池水浓度为 20mg/L；三是可将病蟹置于 2～3mg/L 蒽诺沙星溶液中浸洗 3～4 次，每次 10～20 分钟。

四、稻蛙模式的水质管理与病害防治

（一）水质调控

1. 种蛙水质管理

应经常向种蛙池内注入新水，一般每周 1～2 次，并通过调节池中水位来保持适宜的水温（25~28℃）。以促进性腺早日成熟和产卵排精。

2. 蝌蚪水质管理

蝌蚪池水质的好坏同蝌蚪的生长发育和成活率关系密切。良好的水质，首先要求水体溶氧量保持在3mg/L以上，pH值为7~8，盐度低于2%。其次，要有一定的肥度，使水中含有一定数量的浮游生物，可在蝌蚪培育期间通过定期消毒，泼洒EM菌或芽孢杆菌的方法来进行调节，一般7~10天调节1次，具体视水质好坏和水体中的藻相、菌相来定。

定期换水是调节水质的主要方法，一般每隔7~10天换水1次，每次加进新水深度10cm。天气炎热时，水中残料易发酵变质，污染水体，应多换水。换注新水要选择晴朗的天气，一般以上午7：00—8：00进行为宜，此时换水水温相差小，换水后日照时间长，蝌蚪易适应新水体。

蝌蚪生长发育最适宜的水温是28~30℃。当水温达32℃时，蝌蚪活动能力下降，摄食减少，生长速度减慢，35℃衰弱的蝌蚪开始死亡。当水温过高时可采取降温措施，如加注水温较低的井水，并提高池中水位等。

3. 幼蛙水质管理

当水质发生恶化时，要立即进药物消毒。每平方米水体可用5~10g生石灰溶液全池泼洒，杀灭水中的病毒、病菌和寄生虫、消毒后注放新水。一般每隔1~2天换水1次，每次换5~10cm。

4. 成蛙水质管理

成蛙池每隔2~3天加注新水入池，每次换水10~15cm深。每隔15~30天，用消毒剂（如氯制剂、碘制剂等）进行全池泼洒，以保持水体清新。

（二）病害防治

蛙及蝌蚪，在人工饲养条件下，放养密度大，活动范围小，

常常会遭到各种敌害生物的侵袭和自身抵抗力的下降。另外，由于人为地施加肥料和饵料，造成养殖水质恶化，病原体的快速繁殖，往往导致蛙和蝌蚪生病。在蛙养殖过程中，常见的病害种类如下。

1. 红腿病

红腿病又称败血症，是幼蛙和成蛙养殖阶段的主要疾病之一，传染性强，有时呈暴发性，死亡率高，危害大。

病原体：嗜水气单胞菌。

为害对象：主要为害幼蛙和成蛙。4—9 月发病，7—9 月为发病高峰期。

病理特征：病蛙后肢无力、发抖，长低头伏地，不摄食，口和肛门有带血黏液，活动缓慢。发病初期，后肢趾尖红肿，伴有出血点，很快蔓延到整个后肢。病蛙腹部和腿部内侧皮肤发红，有红斑点，肌肉呈点状充血。肛门周围发红。解剖，蛙腹部积水，肝、肾肿大并有出血点，肠胃充血。患病蛙 3~5 天死亡。

防治方法：该病以预防为主。①定期用生石灰全池泼洒消毒养殖池和投饵台，改善养殖水质，控制放养密度。发病季节，每半个月用 20mg/L 生灰或 0.1~0.3mg/L 三氯异氰尿酸全池泼洒 1 次，预防该病的发生。②投喂的饵料必须保证新鲜卫生，无腐烂、霉变。③用 2%~2.5%食盐水浸泡 10~30 分钟，每天 1 次，连续 3 天；或 10~20mg/L 高锰酸钾溶液浸洗 20~30 分钟；或 100mL 含 40 万单位青霉素药液的生理盐水浸泡 5 分钟，连续浸泡几天。④1g/m^3硫酸铜和硫酸亚铁合剂（5∶2）全池泼洒，2~3 天 1 次，连用 2 次。

2. 歪头病

病原体：米尔伊丽莎白菌。

为害对象：幼蛙、成蛙，尤以幼蛙更为严重。全程可发病，当水质恶化，水温变化幅度大时易发此病。

病理特征：该病原体直接破坏脑神经，造成神经紊乱，产生歪头。患病蛙在水中不停打转，蛙头向右或向左歪转，食欲下降。病蛙皮肤发黑，泄殖孔红肿，眼球外突充血，以致双目失明，活动迟缓，不吃饲料。解剖病蛙，肝脏发黑，脾脏缩小，脊椎两侧有出血点和血斑。本病传染性强，出现症状 3~5 天就死亡，病蛙死亡率很高。

防治方法：①采用合适的养殖模式和合理的养殖密度，能有效地预防该病的发生。②定期对蛙池水体进行消毒。③疾病流行季节，可每月用磺胺类药物 6~10 片拌饵 1kg 投喂，预防该病的发生与蔓延。④用 2ml/L 红霉素溶液浸泡病蛙及蝌蚪 20~30 分钟，1 天 1 次，连续浸泡 3 天。

3. 烂皮病

烂皮病又称脱皮病，或腐皮病。幼蛙刚上岸时极易暴发，蔓延极快，患病蛙死亡率极高。

病原体：该病一是由于缺乏维生素 A 而引起的营养性腐皮病；二是由于创口感染鲁氏不动杆菌、异变形杆菌、嗜水气单胞菌、鲁氏耶尔森等而继发的细菌性疾病。

为害对象：主要为害刚变态完成上岸的幼蛙。

病理特征：病蛙初期，头、背、四肢等处皮肤失去光泽，黏液减少，出现白斑后表皮脱落而腐烂，2 天左右露出红色肌肉，4 天左右死亡。解剖检查，腹腔积水，胃肠弥漫性出血，肾、脾肿大出血。

防治方法：①定期消毒养殖池和食台，维持良好水质。②饲料要多样化，营养要全面。坚持定时、定质、定量、定点的科学投喂。③补充维生素 A，投喂鱼肝油或维生素 A 胶囊，每天 1 次，连续投喂 7 天；或每 kg 饲料中拌喂多维素 400mg，连用 3~5 天即可。④用碘制剂喷洒消毒，每亩 500mL，同时，内服消炎类药物。

4. 胃肠炎病

病原体：肠型点状气单胞菌。饲养管理不善，水质恶化是此病的诱发原因。

为害对象：蝌蚪、幼蛙和成蛙都可感染，常发生春夏和夏秋之交。

病理特征：发病初期，病蛙烦躁不安，不食，严重时不怕惊扰，缩头弓背伏于池边，身体瘫软，软弱无力，腹部膨大，肛门红肿。解剖病蛙，肠胃胀气、充血发炎，肠胃内少食或无食，腹部积水。该病传染性强，发病较急，病蛙死亡率高。

防治方法：①及时清除食台上的残饵，洗刷食台。定期清洗、消毒食台，不投喂腐败变质和霉变饲料。②每半个月用1mg/L 漂白粉全池泼洒 1 次。③每 kg 饲料中添加 2 片酵母片，每天 2 次，连续 3 天。④用碘制剂或氯制剂全池喷洒消毒。

5. 气泡病

病因：水体溶解气体（氧气、氮、空气等）过度饱和，被蝌蚪误吞而致。

为害对象：主要为害蝌蚪。高温季节，水质较肥水体易发生。夏秋季节为此病的流行季节。

病理特征：患病蝌蚪肚子膨胀，体表附着大量气泡，身体失去平衡而仰游水面，解剖可见肠内充满气泡。本病是蝌蚪期最常见疾病，发病迅速，死亡率极高，损失严重。

防治方法：①养殖水体施加腐熟发酵过的肥料，投喂的饲料必须充分浸泡透湿。②加强巡塘，勤换水，维持良好水质。③发病水体，4g/m^3食盐水全池泼洒，然后投喂煮熟的麦麸或添加酵母片（1 000 尾蝌蚪用 0. 5g），通过消化，排出场内气体。④将患病蝌蚪及时捞出，暂养新鲜、干净的水中，待病情好转后再放入池塘饲养。

五、稻龟/鳖模式的水质调控与病害防治

（一）水质调控

养殖期间，每隔 1 周左右换环形沟内 1/3 的水量，每隔 20 天左右用生石灰和漂白粉或高锰酸钾试剂泼洒，进行水体消毒并改善水质。养殖中后期，按 2kg/亩用量每隔 20 天在龟鳖沟、龟鳖溜中泼洒 1 次 EM 菌，按 20kg/亩投放生石灰，EM 菌和生石灰不能同时使用，应间隔 7 天以上。定期用生石灰、漂白粉等消毒水体、饲料台、工具等，定期在龟鳖沟、龟鳖溜中泼洒和饲料中添加有益微生物制剂及合理投喂优质饲料。

（二）病害防治

1. 白斑病

症状：患病鳖身体各处（以背甲为严重）可见白色的石蜡状增生物。患处最初呈白雾状，以后逐渐增大、增厚，甚至布满整个背甲。

流行情况：本病主要流行在夏、春、秋季，水温低、水质清瘦时死亡率高，多发生在小中华鳖个体上，死亡率可达 90%以上，幼鳖、成鳖也有发生。

预防：平时注意肥水，当水温降低时使用预防治疗水霉病的药物消毒，如季铵盐碘、硫迷沙星、亚甲基蓝等。

2. 龟白眼病

症状：白眼只是外部表现特征，实质是龟的内脏出现了问题，出现白眼的根本原因是饲料营养过高，投喂过多引起消化不良以及环境变化大引起肺炎。

流行情况：全年都可能发病，此病来势凶猛，一旦出现，损失惨重，严重的全军覆没，因此，此病当以预防为主。

预防：①饲料要求新鲜，无论是人工饲料还是投喂鱼虾，都要求严把质量关。②控制投喂量，刚放池的小龟 0.5~1 小时内

吃完，规格稍大的龟一般控制在半小时内吃完。③控制饲料中蛋白质的比例，饲料中蛋白质不能过高，一般38%~40%蛋白质含量就足以满足龟的生长需要，养殖过程中不能过多地添加蛋白质饲料，防止营养过剩。④保持养殖环境相对稳定，一般温差不超过4℃。

治疗：一旦发现龟出现白眼症状要及时停喂，至少3天以上，用专业的治疗白眼病的药物浸泡，恢复喂料后饲料中添加治疗白眼病药物帮助其恢复健康。

3. 白底板病

症状：患病鳖腹甲呈纯白色，故名白底板病。鳖的其他部位完好无损。解剖后肝肿大呈土黄色或青灰色，胆肿大、色淡，肾贫血，脾脏变黑小或呈淡红色肿大，腹腔往往有积水或淡红色血水，鳖处于严重贫血、缺血状态，大部分病例，肠后段有柏油样积血。

治疗：鳖出现白底板后要及时调整饲料配比及投喂量，并在饲料中添加氟本尼考、强力霉素、护肝宝等药品，一般都可有效控制病情发展。

4. 腮腺炎、摇头病

症状：生病及死亡的甲鱼外表无显著的伤痕，四肢瘫软，脖子伸长，呼吸困难，解剖发现口腔充血，肺纤维化，基本丧失呼吸功能，肠道充血红肿，肠管内充满白色的脓液，肝脾肿大。

流行情况：此病一年四季都有发生，尤以5~10月养殖旺季为多发季节，此病可使死亡率迅速增加，发现问题应及时控制。

预防：添加慢口性药物如沙星类药物，减少吃料量，可以有效预防。

治疗：目前已有专治药物治疗此病，通过与外用消毒药物配合，疗效显著。

5. 纤毛虫病

症状：由累枝虫、聚缩虫、独缩虫、钟形虫等引起，附生在甲鱼、龟的体表所引起的。

症状：纤毛虫病可引起甲鱼、龟烦躁不安，在池边频频游动，妨碍摄食、影响生长。

治疗：杀虫药可达到治疗目的。

第五章　集约化生态养殖

第一节　养殖模式与品种

一、池塘工程化养殖

池塘工程化养殖模式，俗称跑道鱼模式，是在池塘中的固定位置建设一套面积不超过养殖池塘总面积5%的养殖系统，主养鱼类，全部圈养于系统内，系统外的池塘面积用于净化水质，以供主养鱼类所需。养殖系统前端的推水装置可产生由前向后的水流，结合池塘中间建设的两端开放式隔水导流墙，使整个池塘的水体流动起来，达到流水养殖的效果（图5-1、图5-2）。

图5-1　池塘工程化养殖系统模型

图 5-2 池塘工程化养殖系统

池塘工程化养殖模式的养殖品种，主要有：加州鲈、斑点叉尾鮰、黄颡鱼、草鱼、罗非鱼、团头鲂、梭鱼、鲫鱼等。

二、工厂化循环水养殖

工厂化循环水养殖作为一种新型养殖模式，通过水处理设备将养殖水净化处理后再循环利用，从而达到节约资源目的的养殖模式。这种方式不具备传统养殖的流水设施，每个养鱼池之间互相形成了一个封闭的循环水系统，可随时根据需要将池内的水输送到水处理系统进行处理，再将处理后的水输回养殖池内。该模式反映了水产养殖从农业向工业化转变的过程，国际上称之为 RAS（Recirculating Aquaculture System）。RAS 具有节能减排、占地少、密度高、可控性强等优点，符合国家提出的推进渔业转方式调结构的战略需求，也是集约化养殖的主要模式之一（图 5-3、图 5-4）。

适合工厂化循环水养殖模式的养殖品种，主要有：罗非鱼、

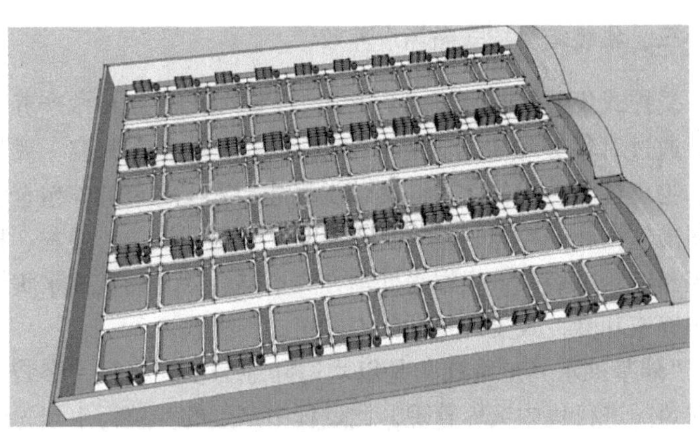

图 5-3 工厂化循环水养殖系统模型

图 5-4 工厂化循环水养殖模式

加州鲈、澳洲宝石鲈、淡水石斑鱼、中华鲟、俄罗斯鲟、非洲鲶鱼、黄颡鱼、虹鳟、哲罗鱼、笋壳鱼、鳗鱼、中华鳖、娃娃鱼等。

三、集装箱受控式循环水养殖

受控式集装箱养殖模式是近几年兴起的一种新型水产养殖模式，通过对集装箱进行改造，在其内部安装水质测控、视频监控、物理过滤、生化处理、恒温供氧等装置，对鱼类养殖全程实行精准监测、调控与管理，实现控水、控温、控苗、控料、控菌和控藻的养殖效果。根据水处理方式不同，分为陆基推水集装箱生态养殖和受控式集装箱循环水养殖 2 种模式。

“陆基推水养殖系统”是以水边陆地为依托，采用集装箱系统对鱼类进行集中饲养管理，此过程中产生的养殖污水预先经过过滤分离，再利用池塘水体的自我净化能力，实现有害物质降解。然后将池塘水抽回集装箱体内，完成循环再利用。陆基推水系统通常以池塘水体、湖泊水体为基础，在水体附近配套建设适当数量、容量的集装箱系统，构成开放水面和集装箱封闭空间共存的局面（图 5-5、图 5-6）。

图 5-5　“陆基推水养殖系统”模型

图 5-6 集装箱陆基推水养殖系统

受控式集装箱循环水养殖模式（简称一拖二式）是全封闭养殖，包括 1 个智能水处理箱和 2 个标准养殖箱，处理箱位于两个养殖箱中间，三位一体实现全封闭式循环水养殖，称为“一拖二”。全程封闭水处理是该模式的核心和关键。系统集成了水质测控、粪便收集、水体净化、供氧恒温、鱼菜共生和智慧渔业等 6 个技术模块，通过控温、控水、控苗、控料、控菌、控藻“六控”技术，达到养殖全程可控和质量安全可控，实现养殖智能标准化、绿色生态化、资源集约化、精细工业化。智能水处理箱包含物理过滤、生物净化、臭氧杀菌等系统组件。养殖污水首先通过物理过滤设备，对水中的粪便、残饵等杂质进行过滤，然后经过微生物净化，对溶于水中的有害物质进行生物分解，最后经过杀菌后进入养殖箱体，实现养殖水体的循环再利用，养殖全程可以实现污水零排放。

目前已经开展集装箱受控式循环水养殖模式的品种均具有经济价值高或适应高密度养殖的特点，主要有罗非鱼、巴沙鱼、四大家鱼、鳗鲡、乌鳢、老虎斑、宝石斑、加州鲈、尖吻鲈、淡水白鲳、泥鳅、黄河鲤等（图5-7、图5-8）。

图5-7　集装箱“一拖二养殖系统”模型

图5-8　集装箱“一拖二养殖系统”

第二节　条件与设施

一、系统选址

（一）池塘工程化养殖系统

交通便利，最好能够保障饲料、鱼车可以直接到达系统工作台。建设塘口面积不宜过小，以 30 亩以上为宜。可在全国池塘养殖主产区进行推广，目前已在广东、江苏、浙江、福建、湖南、湖北、安徽、北京、天津、上海等 10 多个省（区、市）示范应用流水养殖槽 2 000 多条，覆盖池塘 3 万多亩。

（二）工厂化循环水养殖

要求养殖区地势平坦，最好靠近水库、塘坝或沿海盐碱地等地下水资源丰富地方，周围 2 千米范围内最好无污染企业，确保养殖用水安全。根据不同地域气候条件选择合适养殖品种，遵循保持养殖环境气候与自然生境气候尽可能一致的原则建立工厂化循环水养殖车间。淡水养殖优先考虑靠近热电厂兴建车间，用温排水来养殖淡水鱼；还有靠近山区兴建车间养殖冷水性鱼类，如虹鳟等。

可在全国进行推广，目前已在山东、浙江、广东、新疆维吾尔自治区、天津、四川、湖北、福建、辽宁、江苏、河南、广西壮族自治区、北京、安徽、河北等省（区、市）推广应用。

（三）集装箱受控式循环水养殖

该系统选址，集装箱建在池塘边、湖泊周围或山地均可以，尤其建立在发电厂周边，利用电厂低廉的电价及发电产生的余热接入集装箱，可最大限度地利用废弃资源，使养殖成本最大限度地降低，集装箱式养殖的示范面积也在不断扩大。循环箱摆放基础：循环箱满载 35t，需要摆放在硬化或者压实地面。

目前已在广东、山东、贵州、河北、江苏、安徽、西藏自治区、湖北、广西壮族自治区、宁夏回族自治区、河南、北京等19个省（区、市）推广应用箱体1 300多个，并在埃及、缅甸等“一带一路”国家示范应用。

二、系统面积

（一）池塘工程化养殖

池塘面积30亩以上为宜，其中，工程化建设面积占池塘总面积的2%~5%，不建议超过5%。太大超过池塘负载量，无法营造稳定、良好的池塘生态环境；太小则无法最大化的利用池塘生产能力，经济效益低下。

（二）工厂化循环水养殖

一般的循环水养殖车间宽度为13~20m，长度为80m，根据设计场地的大小决定车间大小。车间大体分为养殖区、水处理区、操作管理区等3个区域。车间内设1~2套循环水养殖系统，每套系统配置8~12个养殖池。为降低车间建设成本、运行管理成本，常采用多连体或多连跨车间设计。

（三）集装箱受控式循环水养殖

陆基养殖箱系统占地面积：陆基养殖箱采用6m高箱标准，占地面积约为2. 5m×6m共计15m^2；容水量：陆基养殖箱长×宽×高为6m×2. 5m×2. 9m，体积为43. 5m^3，其中，有效养殖水体为27m^3。

一拖二式养殖系统占地面积：占地面积：长×宽=15m×8m；养殖水体：养殖箱有效养殖水体为24t，一套一拖二集装箱养殖系统总水体为68t，其中养殖水体约50t。

三、系统构造

（一）池塘工程化养殖系统

水槽净宽为5m，长度26m，其中，22m为养殖区，前端1m

为推水区，末端3m为集污区。集污区可适当扩大以提高收集效果。水槽深度2.5m，可根据池塘深度适当增减。

（二）工厂化循环水养殖系统

养殖区由多个养殖池和进排水管道等组成。循环水养殖池多采用圆形或圆角形养殖池，圆角形养殖池的圆角半径应大于养殖池半径的一半，池底采用中间低四周高的“锅底形”，排水口置于池中央最低处，“锅底”一般为坡度1∶10，以利于池底残饵粪便等污物顺利排出。养殖池壁要求做5层防水处理，池面光滑、不挂脏，建议用养殖池专用涂料粉刷池内，以防污物、细菌等致病源藏躲其中，以减少病害发生。循环水养殖车间的管道系统包括进水管道、回水管道、外源水补充管道。

（三）集装箱受控式循环水养殖系统

集装箱受控式循环水养殖系统包括微滤机、臭氧机、纯氧添加器、复合生化池、养殖箱、照明系统、控制系统、排污系统等部分组成，养殖水体经过微滤机固液分离后颗粒物质集中排出系统以待利用，水体经过臭氧杀菌并流进生化池，去除氨氮及亚硝酸盐，最终返回至养殖箱中，循环量为20~60t/小时可调，养殖密度可达到80~120kg/m^3。其中，陆基养殖系统主要由养殖箱和池塘组成。

“一拖二”受控式集装箱循环水养殖：该集装箱养殖系统主要由3个集装箱箱体组成，共分为2个标准养殖箱和1个智能水处理箱，处理箱位于2个集装箱中间。每个养殖箱箱体31m^3，能容纳25m^3水体，箱底为10°的斜坡，以便于排出污水、无伤出鱼等。集装箱顶部有4个天窗，便于投喂饲料、观察鱼情、应急处置、养殖设施的管理等。

四、系统构成

（一）池塘工程化养殖系统

一个完整的池塘内循环微流水生态养殖系统主要包括增氧推水设备、流水养鱼池、集污系统、污水处理系统、水质监测系统、导流墙、底层增氧设备及拦鱼栅、备用发电机、起捕设备等辅助设备。

（二）工厂化循环水养殖系统

根据其集成程度划分，可以分为3种：精准型、标准型和简约型。国内大部分循环水养殖车间是基于标准型向自动化和数字化的精准型方向转变的过程中。循环水工厂化车间是可以是钢架结构型厂房车间，由养殖池区和水质净化区两个大的部分组成。循环水养殖系统工艺包括过滤系统、净化系统、消毒系统、控温系统、增氧系统理、监控系统、投饵系统、电子测量等组成系统。养殖池中的污水、残饵、粪便通过池底排水管道，流入过滤池再到净化池，经过多级沉淀、曝气，完成氨氮、亚硝酸氮向硝态氮转化，过滤池安装蛋白分离器及臭氧、紫外线杀菌器，有效地对有机物进行分离和杀灭水体中的细菌、寄生虫等，净化池表面栽培水生花卉、蔬菜等水生植物，有效地吸收硝态氮、硫酸盐等有害物质，处理后的水通过气提装置提升到养殖池循环使用。

（三）集装箱受控式循环水养殖系统

由快速排污养殖箱体（由集装箱改造而成）、杀菌系统（臭氧发生器）、水处理系统（微滤机、池塘）、排水系统（液位控制管及后续管道），进水系统（水泵浮台及水泵），增氧系统（鼓风机或液氧），控制系统（水质监测及设备监控箱）及配套池塘等辅助设施组成。其中，水泵采用低扬程高流量的QY型潜水泵，按并联箱体数量选配进水潜水泵规格。

五、系统要点

（一）池塘工程化养殖系统要点

1. 小水体推水养殖区

占池塘面积的2%~5%，不建议超过5%。太大超过池塘负载量，无法营造稳定、良好的池塘生态环境；太小则无法最大化的利用池塘生产能力，经济效益低下。一般每10亩配1条水槽，每条水槽净宽为5m，长为26m，其中，22m为养殖区，前端1m为推水区，末端3m为集污区。集污区可适当扩大以提高收集效果。水槽深度2.0~2.5m，可根据池塘深度适当增减。小水体推水养殖区内，铺设辅助增氧设备，采用微孔或纳米管增氧。

2. 集污区

在小水体推水养殖区末端，加装底部吸尘式废弃物收集装置，将粪便、残饵吸出至池塘外污染物沉淀池中，处理后再利用。每3条水槽应建设2个相通的体积10m的下沉式集污池。配备6m宽牵引吸污系统，参数为标准系统功率9kw，最大吸污量50m^3/小时。

3. 大水体生态净化区

净化区占池塘面积的95%~98%，设置导流堤，水深2m以上。养殖品种以滤食性鱼类为主，如鲢鱼、鳙鱼、匙吻鲟等。水草等水生植物的种植面积控制在净化区的20%~30%。净化区内，配备水车式增氧机、叶轮增氧机、涌浪机等，适时投放微生物制剂等。

4. 动力配备

气提推水增氧动力按每条水槽1.6kw配备，推荐使用罗茨鼓风机。另外，每条水槽各配1台旋涡式鼓风机，配备1台底层增氧鼓风机，动力以2.2kw为宜。集排吸污泵的功率大小配备一般在1.5~3.0kw。箱体配备备用发电机，在发生意外时可以随时更换替用设备，可避免断电对水体环境的影响。

（二）工厂化循环水养殖系统要点

工厂化循环水养殖模式是用最少的投入得到最优质的养殖生物赖以生长的环境，主要是调控关键性水质指标使得养殖生物能够健康快速的生长。维持养殖水体的良好性是对于成功养殖非常重要的。所以，养殖系统间的所有设备和设施都是围绕“养水”这个核心主题进行工作和运转的。第一是主要去处理养殖污水中的固体物；第二是控制养殖水中的气体；第三是杀菌消毒；第四是溶解性有机物的去除。

1. 养殖污水中的固体物处理

固定物主要分为沉淀性固体物、悬浮性固体颗粒物、和可溶性固体颗粒物。沉淀性固体物一般颗粒直径比较大，也是比较好去除的。一般在养殖池的底部，要尽快把沉淀性固体物排出养殖系统之外，否则沉淀性固体物转化为 NH_4^+、$N0_2^-$等有害化学物质，对养殖水产品产生不利影响。去除沉淀性固体物的方法主要有利用工程学原理、虹吸法去除等。一般养殖池设计为圆形或多边形，排水管道位于养殖池的中央，池底和水平面略有 2°~3°倾角，且向排水口倾斜。进水管道安装在养殖池的上方，且水管和池底有一定的夹角，往往形成 30°~45°夹角。这样，通过进排水的设计原理，在养殖池中形成旋流，使沉淀性固体物在池底中心排出去。

悬浮固体颗粒物的颗粒直径略小，不易沉淀在池底，悬浮在养殖水体中。这样加大了处理养殖污水的难度。目前比较广泛应用机械过滤、微滤膜过滤和一些吸附方法去除悬浮画体颗粒废物。

可溶解态颗粒废物，在水产生产实践中，比较常用的是蛋白质分离器，它是利用水中的气泡表面可以吸附混杂在水中的各种颗粒状的污物以及可溶性有机物的原理，采用充氧设备或旋涡栗

产生大量的气泡，通过蛋白质分离器将海水净化，这些气泡全部集中在水面形成泡沫，将泡沫收集在水面的容器中，它就会变为黄色的液体被排除。在理论上蛋白质分离器能够去除养殖污水中80%~90%的蛋白质，但在实际生产中，只能达到30%~50%。

2. 养殖用水气体的控制

养殖水体中溶解氧（DO）和二氧化碳（CO_2）含量的控制也是一个比较重要的问题。一般养殖用水要求溶解氧含量（DO）在4 mg/L以上，CO_2的含量在25 mg/L以下。除去养殖水体中的CO_2，普遍采用曝气的方法，常用的曝气方法主要有气石爆气；增加养殖水体中的溶解氧含量，则方法较多，如气泵增氧、液氧增氧等。硝化菌是自养性好氧生物，它们易于生长在氧化还原电位较高的有氧环境中。溶解氧不足会导致硝化菌的活性降低，而溶氧太高又会引起硝化菌自溶分解，因此，需要将溶氧范围控制在6~8mg/L，这也与生产中大多数养殖对象对溶氧的实际需求相符合。如果采用气泵供氧，一般情况下水中溶氧范围都应符合要求；但如果使用纯氧供氧（有些养殖场采用液态氧供氧）则需要非常小心，因为这种供氧模式下水中溶氧往往高于8mg/L，此时，需要根据氧罐中氧压的变化随时调整单位时间的供氧量。

3. 养殖用水的杀菌消毒

养殖用水中含有大量的有害微生物，这样加大了养殖水产品病害爆发的频率，增加了养殖户的养殖风险，加剧了水产品市场价值的不稳定性，给养殖户和广大水产品消费者带来不必要的麻烦。这需要我们想办法去除养殖水体中的微生物。目前循环水养殖系统中主要使用臭氧和紫外线杀菌消毒，它们消毒效果不错。由于臭氧处理容易产生残余，其最佳杀菌浓度不容易控制，在养殖企业实际生产中紫外线杀菌装置的使用更为广泛。

4. 溶解性有机物控制

工厂化循环水的处理，其重要目标，就是维持NH_4^+的浓度在渔业用水标准范围内。养殖污水中 NH_4^+ 的危害较多：首先，它会破坏养殖水产动物的鳃部，直接影响养殖水产动物和水中溶解氧的交换，使水产动物长期处于缺氧的状态，生长缓慢；其次是它提高水产动物血液中的 pH 值，水产动物体内多种活性酶被限制，降低水产动物运输氧的能力，从而限制水产动物的活性，使水产动物长期处于亚健康状态；最后，养殖水体中，过多的氨氮离子，它会造成水产动物和养殖水产动物的离子浓度相当，这样使水产动物就没有了渗透压，不利于水产动物离子的交换。我国渔业水质标准中规定，分子氨浓度≤0.02 mg/L，对鱼类生长、繁殖等生命活动不会产生影响；在养殖水体中分子氨浓度介于 0.02~0.2 mg/L 的仍在鱼类可忍受的范围内；分子氨浓度介于 0.2~0.6 mg/L 时，对鱼虾有轻度毒性，易造成细胞和组织的损伤和感染，导致发病；分子氨浓度≥0.6 时，对鱼虾毒性较大，在高温、高密度养殖条件下，极易导致鱼虾中毒、发病，甚至大批死亡。

养殖水体中的氨在溶氧充足的条件下，经过亚硝化细菌作用，逐步氧化生成亚硝酸盐（亚硝化作用），亚硝酸盐在细菌的进一步作用下转化为硝酸盐（硝化作用）。硝化作用一旦受阻，就会引起硝化细菌的中间产物亚硝酸盐在水体中大量积累。亚硝酸盐含量受氨含量、溶解氧含量、pH 值及水温影响，其中，氨含量越高、溶解氧含量越低、pH 值越低及水温越低，则亚硝酸盐含量越高。一般情况下，正常养殖水体中亚硝酸盐含量低于 0.1mg/L，鱼及水生动物在此条件下能够自由的生活，不会造成任何健康损害；当养殖水体亚硝酸盐含量在 0.1~0.5 mg/L 期间并长期维持这一水平时，会造成慢性亚硝酸盐中毒，变现为摄食量下降，呼吸困难，要用缓慢，骚动不安等；当养殖水体亚硝酸盐含量大于 0.5 mg/L 时，鱼虾中毒加剧，体力衰竭，游泳无力，臀部底面呈黄色，某些代谢器官衰竭，情况严重将导致死亡；亚

硝酸盐的毒性依养殖品种和个体差异而不同，为确保养殖安全，亚硝酸盐含量应控制在 0.2mg/L 以下。

生物滤池是生物滤器的主要载体，定向培养微生物菌群，降解水体中含氮化合物，实现水质净化，反应过程一般包括硝化反应和反硝化反应。简单地讲，就是在生物滤池中填装比例适量的填料，通过精心培养，促使填料表面生长生物膜，主要由自养型硝化细菌组成，进行硝化反应去除水中的氨氮和亚硝基氮。此外，选择高效的生物滤器也较为关键。如中国水产科学研究院渔业机械仪器研究所从美国引进一种新型旋涡式流化沙床，提升生物过滤技术，这种流化沙床的比表面积很大，硝化细菌可以稳定附着在沙床上，同时，过滤器的水处理水量大、效果好。

（三）集装箱受控式循环水养殖系统要点

1. 排污系统

方形箱便于制造，但不利于箱体排污，方形箱体集污效果不良，同时，边角处难以避免紊流出现。为避免方形箱以上弊端，结合力学模拟报告结果，改变养殖箱体结构，使其底面成 1/10 坡度，同时，在箱体另外三周增加曝气管，避免粪便沉积。

2. 水处理系统

集污槽中的水体携带粪便颗粒流至微滤机中，大粒径颗粒被收集到微滤机排污管，供蔬菜种植利用。小颗粒随水流沿中间管溢流出至池塘中。池塘内养殖鲢鱼，鳙鱼等以浮游生物为食的鱼种。池塘具有生态处理功能，每亩水域配 2 组推水箱。微滤机水处理量 $60m^3$/小时，120 目网目，即去除直径大于 0.125mm 固体颗粒。

3. 出鱼系统

出鱼口四周打磨处理，顺滑无尖角，养殖品种可顺畅滑出箱体，至接鱼池中。箱体内部有挡鱼板，可实时开关，控制出鱼启停。出鱼滑梯可将商品鱼接至接鱼池中，节省人力。以上组合实现集装箱省时省力，快速出鱼的使用要求。收获时，成鱼会顺水流集中到箱底一侧，减少成鱼脱离水体时间，降低成鱼应激反应，防止鱼体皮肤损伤，基本实现无伤害收鱼（相比池塘和工厂化养殖此优势明显）；在运输过程中，无伤成鱼的耐受环境能力强，不易发生水霉病。

4. 进水系统

箱体水泵利用浮桶抽取池塘中上层的水 进入养殖箱体内，中上层的水含氧量高，致病菌少，无土腥味。池塘养殖的致病菌都是兼性厌氧的，均分布在池塘的底部，系统的进水系统可保证养殖箱内发病率低、含氧量高、无土腥味。

5. 增氧系统

系统需求进气量 $25m^3$/小时，气压 0.03Mp，按并联箱体数量选配风机规格。进气管由排空阀，PVC/PPR 管连接，增氧系统时刻开启，箱内转配溶氧探头，保证箱体内溶氧始终不低于 5mg/L，同时，增氧系统变频控制，以适应不同养殖阶段养殖品种对流速的不同需求。

6. 杀菌系统

系统配备臭氧发生器，最大产生量 5g/小时。系统中臭氧的应用主要有两方面：①初次加水消毒，初次加水，将臭氧发生器调节至最大臭氧产生量 5g/小时，系统循环量 $15m^3$/小时，逐步调节至 $10m^3$/小时。即可使箱体内臭氧浓度维持在 0.33~0.4mg/L。此浓度臭氧杀菌能力强。②养殖期间，系统循环量稳定为 $15m^3$/小时，臭氧添加量 2~3g/小时，调节水体臭氧浓度为 0.1~0.15mg/L 的安全消毒浓度，同时臭氧具有去除氨氮、铁、锰、氧化分解有机物和絮凝作用，降低养殖水体中重金属毒性及氨氮毒性。

第三节　饲料选择及投喂

养殖模式的改变必然伴随着养殖管理和饲料性能及其投喂方式的变化。与传统的池塘养殖和网箱养殖模式相比，集约化养殖系统对饲料的加工工艺、配方及其投喂方法提出了更高的要求。饲料不仅要满足养殖品种的营养需求，还要尽可能减小其对养殖系统的不利影响，通过改进饲料配方、改变投喂策略使饲料适用于集约化养殖系统。

一、饵料性状

在水产养殖中，饲料成本占养殖成本的60%以上，集约化养殖需要彻底解决“喂什么”“喂多少”“怎么喂”的问题。目前，大部分集约化水产养殖所投喂的饲料以膨化人工配合饲料为主，膨化饲料具有如下优点。

（1）膨化加工可使淀粉糊化度提高，纤维结构的细胞壁部分被破坏，释放出可消化物质，饲料具有特殊的香味，提高了适口性和摄食率。

（2）膨化高温可钝化植物蛋白源中的胰蛋白酶抑制因子等热敏因子，因而有利于水生动物的消化吸收，营养成分消化利用率提高10%~35%。

（3）膨化饲料在水中稳定性较好，在水中保持完整不散可达12小时以上，可有效减少营养成分的溶失，采用膨化饲料比粉状饲料或硬颗粒饲料可节约5%~10%用量，减少水体污染。

（4）膨化过程可将饲料原料中的大肠杆菌、真菌、沙门氏菌等有害微生物灭活，如沙门氏菌在经85℃以上高温膨化后，基本被杀死，有助于减少病害的发生。

（5）采用膨化饲料有助于进行科学的饲养管理，既节约时间，又能提高养殖效率。

（6）浮性膨化饲料能较长时间悬浮于水面，养殖对象游到水面摄食，工作人员可直接观察鱼的摄食、生长和健康状况，且便于及时调整投饲量。

实际生产中可以根据不同鱼类的摄食习性选择不同加工工艺的膨化饲料，如漂浮性、缓慢沉降性、迅速沉降性。

在水面摄食凶猛的鱼类一般投喂浮性膨化饲料，如罗非鱼和虹鳟；而在水面下或水底摄食的鱼类一般投喂沉性膨化饲料，如鲟鱼等。但是在封闭循环水养殖系统中，需慎用浮性饲料，如在出现残饵的情况下，浮性饲料浮于水面，极难排出养殖系统，需要浸泡 8~24 小时后才会沉入养殖池底。饲料浸泡过程中营养物质进入养殖水体污染水质，易造成水体浑浊、有害物质和细菌增多等问题，增加了养殖管理的难度。因此，不建议在封闭循环水养殖系统中使用浮性料，而尽量选用沉性饲料。在使用沉性饲料时，应注意饲料的沉降速度必须与鱼类的摄食行为相匹配。水中摄食或摄食不活跃的鱼类尽可能降低饲料的沉降速度，而摄食凶猛的鱼类对沉降速度的要求较低，甚至可以有部分浮性饲料。例如，鲟鱼是下口位，故适宜食用沉性膨化颗粒饲料，饲料粒径因鱼个体大小而异，与一般淡水鱼相比，其对蛋白含量要求较高。苗种饲料中的粗蛋白含量应在 50%以上，并适当增加鱼油含量。成鱼饲料中的粗蛋白含量也应保持在 40%以上，并适量加入维生素等，保持营养均衡。以淡水石斑鱼为例，应当选用石斑鱼专用的缓沉性膨化饲料，且饲料的沉降速度须与石斑鱼的摄食行为相匹配。

此外，饲料企业的选择也很关键，膨化饲料在加工过程中产生的高温高压可能会对饲料中部分营养物质造成破坏。因此，需要从正规、有实力的饲料企业购买，以保证饲料质量。

二、粪便成型率

粪便成型率是评价循环水养殖系统所用饲料优劣的一个极其重要的指标。在实际养殖生产中，其最直接的衡量指标是水体浑浊度，粪便成型差必然导致养殖水体浑浊。鱼体排出的粪便若是没有黏合性则会比较均匀的分散于养殖水体，成为悬浮颗粒，这些颗粒能够对鱼体的鳃部造成损伤，同时，能够附着细菌并作为有害菌繁殖的培养基，造成细菌数升高，细菌和鱼体排泄的氨氮和水体其他有害物质也随之升高，水质变差。因此，选择封闭循环水养殖系统所用饲料时，粪便成型率必须作为首要考察指标，这对养殖系统的稳定性和鱼体健康均具有非常重要的意义。

影响粪便成型率的最主要因素是饲料配方中黏合剂的种类和含量，其次是鱼体肠道健康状况，需要两者结合才能找出粪便成型差的原因。此外，还与鱼体规格有关，粪便成型会随鱼体规格的增大而变差，因此，在不同的生长阶段对饲料粪便成型的要求也是不同的。但是，需要注意一点是，饲料的消化率和粪便成型率是相互矛盾的关系。一般来说，粪便成型好的饲料消化率也较低。因此，不能片面的要求粪便成型率而忽略饲料的吸收率，理想的情况是在消化率基本不变的基础上，尽可能的改善粪便成型情况。目前，这种技术在国外和一些国内饲料公司已经较为成熟。

三、饵料投喂

集约化养殖系统的投喂策略比池塘模式复杂，必须同时兼顾鱼的生长和养殖系统两个方面，一般的原则是“在养殖系统可处理的范围内，尽可能地提高投喂率”。饲料是决定养殖效率的主要因素之一，掌握适合不同集约化养殖模式特点的投喂策略等技术要点，达到投喂精准化、效益最大化。夏季是鱼类快速生长的季节，摄食量较多，因此，应把握科学投喂原则，以稳定水质。

（一）池塘工程化养殖系统

可根据养殖系统规模和投入预算选择适当的投料方式，主要包括水槽自动投料系统、普通投饵机和人工投喂3种方式。

（1）自动投料系统主要包括，高性能鼓风机及控制饲料在管路走向的电磁阀，主材包括自动料箱，风送管路，控制系统，人机界面等；优势：①可以做到把不同规格的饲料风送到指定的水槽中。4.3kw鼓风机可输送150m，7.5kw鼓风机可输送250m。②可以做到无人坚守、定时、定量投料，减少人工。

（2）普通投饵机，需要一定的人工对投饵机中饲料及时填装与补充，虽投资较小，但自动化程度不高。

（3）全人工投饵，全程依赖人工进行饵料投喂，有着劳动强度大，耗时长，投喂量不便于精确统计等缺点，适应于养殖鱼类开春开始摄食阶段，投喂量较小，且池塘规模较小，以3~5条水槽的规模为宜。

养殖过程中每天投喂4次饵料，时间分别为早、午、晚（8：00、11：00、15：00、18：30），每天的投饵量为鱼体重的3%~5%；投喂时保证饲料不漂出水槽，因流水池养殖鱼类密度大，池水又不断地流动，可在流水池下游1/3处悬挂密网片，防止膨化浮性饲料的流失；每次投饲时长约30分钟，具体以观察上浮抢食鱼数量明显减少时即可停止投喂，并根据天气、水温、水质状况及摄食状态等情况做适当调整，天气晴朗、水质清新、鱼类摄食旺盛时可适当多投；反之，则酌情减量或不投。每次投完饵料后45分钟左右将极少数的残饵捞掉。如发现养殖有残饵则下次稍微减少饵料量。高温季节养殖生产中，建议采取早上提前（日出前）、傍晚延迟（日落后）投喂，安装遮阳网的方法（在水深较浅，水温偏高的情况下），以保障鱼类摄食旺盛、快速且健康生长。夏季高温多雨季节，养殖鱼类极易发生应激反

应，因此，需要适当投喂维生素 C、多糖等免疫增强剂以增强鱼类的体质和免疫力。

（二）工厂化循环水养殖系统

1. 投喂频率

在工厂化循环水养殖系统中，应当遵循“少量多次”及“慢-快-慢”的投喂方式。投喂频率对水质和处理设备的影响较为明显。生产过程中发现，每次大量投饵后养殖水体中氨氮、亚硝酸盐氮、悬浮物等指标明显升高，这表明投饵后有害物质产生过多，系统设备不能及时进行有效的处理，导致系统中有害物质残留，造成鱼体的消化系统和免疫系统处于不稳定的状态。长期采用“多量少次”的投喂方式会对鱼体造成慢性应激，导致摄食不佳，饲料利用率降低，饲料系数升高。国外一些专家甚至建议，在设施条件较好的养殖场，甚至可以采取持续投喂的投喂方式，这可以保证鱼的生理活动和养殖系统处于比较平稳的状态。

2. 投喂率

通常认为，在一定的养殖密度下，投喂率越高，鱼的生长速度越快，养殖成本越低。而在封闭循环水养殖系统中，投喂率必须同时与养殖系统的处理能力相对应，才能获得最大的收益。投喂率过高，系统处理能力有限，系统内有害物质富集，对鱼体造成损伤，进而暴发疾病导致死亡率升高，产量降低。而投喂率低则会减缓鱼的生长速度，延长养殖周期，增加养殖管理成本和养殖风险。因此，在设定投喂率时，应当兼顾系统的承受能力和鱼体生长速度，若投喂量超过系统承载能力则应适当降低养殖密度，保证系统的良好运行。以体长规格为 8～12cm 的石斑鱼为例，先投少量饲料，引诱鱼群集聚后大量投撒，待鱼群抢食完后再投喂，投喂量视鱼的摄食情况确，摄食度以七八分饱为宜，每次投喂量占体重的 3%～5%，投喂时尽量撒开、撒匀，确保池鱼都能摄食到。

所选饲料不适用于养殖系统或投喂策略不合理，会增加养殖设备故障率，提高养殖成本，损害养殖动物健康，降低经济效益。因此，必须针对封闭循环水养殖系统的特殊性，选择适宜的饲料类型，改进饲料性能和投喂策略，这是保证养殖对象正常生长和系统可持续运行的重要条件

（三）集装箱受控式循环水养殖

（1）在放养后先对鱼种进行人工驯化，即每天在特定的区域投喂少量的饲料，驯化时需安静并保持耐心。

（2）一周后开始根据鱼种的食量进行正常投喂饲料，要求饲料营养丰富、新鲜、不变质。投喂饲料要坚持四定（定时、定点、定量、定质）原则。

（3）循环箱投喂点在箱顶的 4 个天窗，投喂饲料半个小时后需要增大曝气量，防止水体缺氧。循环箱使用膨化颗粒饲料，严格控制投喂量，避免饲料漂浮箱中。

定时：每天 8：00、14：00 和 20：00，分 3 次投喂。

定点：每天在固定的投饲位置进行投喂，以便于养殖鱼类摄食。

定量：根据鱼的摄食情况、体形大小、天气情况等因素来确定投饵量。

定质：根据养殖品种选择适合其营养需求的专用人工配合饲料。

第四节　水质调控

在集约化水产养殖过程中，影响鱼类生长的主要水质参数有 pH 值、溶解氧、温度、氨氮、亚硝酸盐等。集约化养殖模式水质要求较传统养殖模式要求严格，最好安装水质自动监测设备，系统采用物联网和大数据支持下的云生产进行设备运行监控、水

质全程监控、养殖现场视频实时监控等，以实现全网络的智能化产能计划与调节。

一、pH 调控

根据国家渔业水质标准，淡水鱼类水体的 pH 值应在 6.5～8.5，最佳生长环境的 pH 值在 7～8.5，微生物处理氨氮在 pH 值 7.2～7.8 效率最高。氨氮是水产养殖中蛋白质消化的副产物，每 100kg 的饲料可以产生 2.2kg 左右的氨氮，而非离子态氨氮对鱼类毒性极大，当 pH 值=7 时，绝大部分的总氨氮处以离子状态；当 pH 值<7 时，硝化菌的活性降低；当 pH 值<6 时，硝化菌将不再转化氨氮，为保证氨氮转化效率，水体 pH 值应保持在 7 以上。鱼类生理活动和硝化反应都是产酸耗碱的过程，水体 pH 值呈降低趋势，所以要监测和控制水体 pH 值，确保水体 pH 值能满足以鱼生长的酸碱环境。可根据不同养殖模式选择合适的药品对养殖水体的 pH 值进行调节，一般可以往水体中添加适量的 $NaHCO_3$、$Mg(OH)_2$等碱性溶液来调节 pH 值。池塘工程化养殖可以选择生石灰在净化区泼洒来调节 pH 值。由于生物的作用，工厂化循环水养殖系统循环水养殖过程中的 pH 值呈逐渐下降趋势，必须适时调节。

二、溶解氧

溶解氧是鱼类赖以生存和生长的生命要素，养殖水体中溶解氧的来源：光合作用（主要池塘工程化养殖模式）有白天阳光充足时，水中浮游藻类和水生植物强烈的光合作用产生大量的氧气，约占水体溶解氧来源的 70%以上；人为增氧（包括增氧机、加注新水、泼洒增氧剂、循环系统中液氧补充等）；空气中氧气的溶解作用。养殖水体中的溶解氧含量一般应保持 5～8 mg/L，至少应保持在 4mg/L，冷水性鱼类一般要求高于 5mg/L 或是在水体饱和溶解氧的60%以上，才不影响鱼类的正常摄食和生长；轻度缺氧时，鱼虾表现烦躁不安，呼吸加快，大多集中在表层水中活动，个别浮头；重度缺氧时，大量鱼虾浮头，并张口大量吞气，游泳无力，甚至死亡。如果采用气泵供氧，一般情况下水中溶氧范围都应符合要求；但如果使用纯氧供氧（有些养殖场采用液态氧供氧）则需要非常小心，因为这种供氧模式下水中溶氧往往高于8mg/L，此时，需要根据氧罐中氧压的变化随时调整单位时间的供氧量。

三、温度调控

水温上升，不同鱼类的代谢有所加强。如果温度过高则会抑制鱼类的正常生活，甚至死亡；如果温度急剧下降，鱼类就会陷入休眠，降到冰点以下，鱼类会因体液冻结而死，所以温度对鱼类的生长环境至关重要，控制温度是生产安全的重要方面。池塘工程化养殖中水温受天气变化影响较大，没有有效措施进行调节，但应注意天气变化，控制饵料投喂量，加强疾病预防。受控式集装箱系统和工厂化循环水养殖系统可以配备泳池热泵热水机，以调控养殖水体温度。

四、氨氮

养殖水体氨的来源：有养殖鱼虾的排泄物、残饵、浮游生物残骸等分解后产生的氮大部分以氨的形式存在；水体缺氧时，硝酸盐、亚硝酸盐等还原成氨；鱼虾的鳃和水体浮游生物在生活过程中存在旺盛的泌氨作用，是水体氨的又一个来源，且养殖密度加大，泌氨作用也大幅度提高。水体中的氨态氮以分子氨 NH_3 和离子氨 NH_4^+ 两种形式存在，其中，分子氨 NH_3 对鱼类有很强的毒性，而离子氨 NH_4^+ 不仅无毒，还是水生植物较容易吸收的无机氮源。

分子氨浓度较低时，如低于我国渔业水质标准规定值（≤0.02mg/L）时，不会影响鱼虾的生长、繁殖；分子氨浓度介于0.02~0.2 mg/L时，虽浓度轻度偏高，但仍在鱼虾可忍受范围内，一般不会导致鱼虾发病，对养殖鱼虾的生长无影响；分子氨浓度介于0.2~0.6 mg/L时，对鱼虾有轻度毒性，易造成细胞和组织的损伤和感染，导致发病；分子氨浓度≥0.6时，对鱼虾毒性较大，在高温季节高密度养殖条件下，极易导致鱼虾中毒、发病，甚至大批死亡。养殖水体分子氨浓度一般要控制在0.60mg/L以下；温度越高、pH值越高，分子氨占氨氮的比例也越高。工厂化循环水和受控式集装箱养殖模式可通过旋流分离器和微滤机进行物理过滤去除水中大颗粒杂质；生物膜过滤降低水体中氨氮和亚硝酸盐的含量；池塘工程化养殖和陆基集装箱养殖系统中通过在净化区构建生物浮床、定期施用光合细菌等微生态制剂，以分解水中的有机废物、降氨氮、抑制病原菌等；流水槽末端增加吸污频率减少养殖水体中氨氮含量。

五、亚硝酸盐

养殖水体中的氨在溶氧充足的条件下，经过亚硝化细菌作用，逐步氧化生成亚硝酸盐（亚硝化作用），亚硝酸盐在细菌的进一步作用下转化为硝酸盐（硝化作用）。硝化作用一旦受阻，就会引起硝化细菌的中间产物亚硝酸盐在水体中大量积累。亚硝酸盐含量受氨含量、溶解氧含量、pH值及水温影响，其中氨含量越高、溶解氧含量越低、pH值越低及水温越低，则亚硝酸盐含量越高。

一般情况下，正常养殖水体中亚硝酸盐含量低于0.1mg/L，鱼及水生动物在此条件下能够自由的生活，不会造成任何健康损害；当养殖水体亚硝酸盐含量在0.1~0.5 mg/L并长期维持这一水平时，会造成慢性亚硝酸盐中毒，表现为摄食量下降，呼吸困难，要用缓慢，骚动不安等；当养殖水体亚硝酸盐含量大于 0.5 mg/L 时，鱼虾中毒加剧，体力衰竭，游泳无力，臀部底面呈黄色，某些代谢器官衰竭，情况严重将导致死亡；亚硝酸盐的毒性依养殖品种和个体差异而不同，为确保养殖安全，亚硝酸盐含量应控制在 0.2mg/L 以下。养殖水体中亚硝酸盐的控制除了增加水体中溶解氧外，还可以通过控制氨氮措施降低养殖水体中亚硝酸盐含量。

第五节　日常管理

一、池塘工程化养殖系统

（1）新建流水槽及拦网应在水中浸泡 3 个月后放鱼，以便让其附着藻类后光滑，减少鱼体蹭伤概率；拦网应耐水浸泡、耐锈等牢固可靠，防治流水槽养殖鱼类逃逸。

（2）每个池塘最好配备一台发电机，还要在流水槽底部或四周布设微孔增氧管。这套系统需要动力支撑，不能缺电，备用发电机遇到突发停电的情况时可以紧急救援，特别是在夏季，天气闷热，如果停电会出现一些鱼虾闷死，造成损失。

（3）由于该技术是高效高密度养殖，在养殖池塘里应投食优质全价膨化浮性配合饲料，避免产生过多的残饵粪便。还可以在每条槽的中部上层加一些网片，避免饲料因水流快速流到槽尾部，造成饲料浪费。

（4）池塘循环微流养殖系统有一大特点，就是集污效果，集污的目的是减少池塘养殖过程中产生的污染，如果不集污，就失去了池塘循环流水养鱼系统的价值。为此，尾部吸污设备吸污的次数可以根据养殖鱼类的大小和水温的高低而定，一般每天可定时吸污 2~4 次，吸出的废物应通过多级过滤池过滤，并结合

种植植物，将水净化达标后，返回池塘循环使用。

（5）严格落实推水养殖区的占比要求根据模式工程改造技术要求，小水体推水养殖区应占池塘面积3%～5%，大水体生态净化区应占池塘面积95%～97%。如盲目扩大流水养殖槽面积，引发病害频发、池塘富营养化等问题。

（6）在捕捞、入槽等操作过程中，由于环境的剧烈变化，苗种会发生明显的应激反应。为防止鱼类入槽后顶水撞伤感染，须在水槽内不锈钢拦网前加一层塑料密网，并定期清洗密网以保证推水水流畅通。苗种入槽后，全槽使用泼洒姜抗应激处理；投喂时在饲料中添加乳酸菌和三黄散等，以恢复苗种体质、增强免疫力。在苗种捕捞和入槽时，谨慎操作，并进行抗应激处理，可有效减少苗种应激死亡。

（7）夏季高温季节养殖生产中，如水槽水温达32℃，池塘水温在30℃以上时，建议采取早上提前、傍晚延迟投喂，安装遮阳网，混合投喂缓沉性饲料的方法，以保障摄食与生长。由于高温影响，导致用于维持基础代谢的能量占摄入能量的比例增大，鱼的饲料转化率和生长率降低，造成饲料的浪费。

（8）水质管理。养殖期间，水槽水位保持在2m以上，透明度30cm左右，水槽末端平均水流速度控制在2～3cm/秒。根据各地气候特征及池塘溶解氧情况，一般在4—10月养殖季节期间，气提式推水增氧设备24小时开启，天气不好水体溶氧较低时，开启底部增氧。也可以安装养殖管理水体溶解氧预警预报在线系统，配置纯氧增氧系统，当溶解氧低于5.0mg/L，电磁阀可自行启动，实现对养殖系统水体溶解氧含量的在线远程监控、操纵或全自动控制。

（9）粪污及滤池的管理。每次投喂饲料后2小时内开启吸排污泵，每次吸排污的时长根据污水的程度而定，并清洗拦网粪便。池塘净化区放养滤食性鱼类，也可以种植水生植物和蔬菜等，以帮助净化水质。要认真做好消毒工作，确保池水的干净、安全、可靠。

（10）巡塘。每天坚持巡塘，注意观察和记录水质、鱼的生长、摄食、活动等情况，发现问题及时处理，根据天气、水质及鱼群活动状况确定当天投饲频率和投饲率。经常检查防逃网和防鸟网设施。做好日常管理的养殖记录

（11）抽样及分池管理。放养鱼下车注意检疫及消毒处理；放养后 1 周内注意少投或不投饲料，先适应环境，减少应激；鱼种经过一段时间的养殖，鱼体越来越大，相对来说养殖密度越来越大，个体分化不断加大，大小差距越来越大，及时进行大小分选，分池养殖。分池工作须操作要轻、快，尽量减轻对鱼体的伤害。

二、工厂化循环水养殖系统

（一）注意疾病预防

工厂化循环水养殖情况下可以考虑在鱼群状态正常时定期拌药饵预防鱼病。这样用药少，经过鱼体消化吸收和药物自身的降解，排到循环系统中的药物更是微乎其微，对生物包几乎没有不利影响。药物的选择上尽量选择增强鱼体质的各种营养素、中草药制剂、微生物制剂等，鱼体强壮了，自然不爱得病。尽量不用或少用抗生素和杀菌剂。

（二）备用增氧剂

每个车间必须常备一些增氧剂，发生缺氧等意外事故时，能够以最短的时间将增氧剂撒到缺氧鱼池，减少意外损失。

洗池与分养：养殖过程中产生的残饵、粪便，有部分无法通过换水排出而吸附在池壁池底。洗池对于排出养殖池底的污物有一定效果。当同一个养鱼池中鱼的大小、强弱不一时，会严重影响鱼的生长速度，因而，养殖过程中必须按时进行大小分选。鱼

的大小分选不仅可以防止互残（某些养殖品种），而且便于进行管理，尤其是幼鱼，幼鱼生长比较快，分选和不分选，幼鱼的生长、死亡率和饵料的利用率相差很大。

（三）巡查车间及值班内容

（1）每45分钟进入车间巡查设备运转状况和各养殖池状况。如发现有异常声响、气味等其他情况，则及时通知技术经理，做相应处理。

（2）因为车间内主要设备均带有故障报警，因此，值班人员要随时携带配备的报警电话，如接到报警电话，则迅速进入车间查询故障设备，有备用设备的需关闭故障设备，开启备用设备。

（3）每次投饵45分钟后，进入车间清理池壁及地面上溅出来的饵料。

车间巡视：巡视对于及时发现池鱼、循环系统、设备等异常、避免意外事故的发生非常重要。白天车间人多，出现异常情况容易被发现，一般不会发生意外事故。晚上大家都休息了，车间没人，是意外事故的多发时间段，所以晚上必须安排有责任心的人定时进行车间巡视。车间巡池时，黑暗环境下不要用手电突然照射鱼池或是将手电光快速离开鱼池，避免对鱼造成不必要的刺激，从而引发鱼病。

（四）水质测试

每天早上8：00读取水质监控系统上的温度、溶氧、pH值读数；从系统循环水池内取水样，按正确方法测出水中氨氮、亚硝酸盐、硝酸盐的含量。

（五）数据上传

（1）每天11：00前将水质数据连同前一天各池的投饵量、死鱼量、设备运转状况以及非日常的操作状况一同上传给技术经理。

(2) 数据跟踪是很重要的日常操作，它不但可以让公司和技术经理及时了解系统的运转状况、提前发现问题、查询已发生问题的起因及找相应处理方法。而且更积极的意义是可以通过记录整个养殖过程了解各个数据变化状况、统计每批鱼生长速度和肉料比（FCR)、了解某一品牌饲料对养殖速度的影响、某厂家的某批种鱼后代成长状况，等等。这些将是整合调研国内循环水养殖行业相关数据的基础。

(六) 反冲

(1) 车间的生物滤桶每 14 天左右进行 1 次反冲洗，水泵池左右两侧的生物滤桶需间隔进行反冲，不可同时反冲。

(2) 反冲洗可以保持各生物滤桶里生物菌的活力、可定期排放桶内堆积的生物泥（饵料粪便分解之后的产物)，也保证了整套系统水处理的效率，是整套系统稳定运行的关键。

(3) 这样简易的系统操作，不需要特殊专业人员来运行，普通人员只需要短时间的培训，便可操作此套系统进行养殖生产。

(七) 抽检

(1) 抽检鱼体重量（每池 50 尾)，并每隔 15 天抽检 1 次。

(2) 根据养殖品种及抽检数据进行及时科学的密度掌控，并配合科学投喂制定养殖密度管理原则。

(3) 以淡水石斑鱼为例，当同池鱼体重量差别高于 200g 时（抽检时最大鱼体重量-最小鱼体重量)，及时进行分鱼。

三、集装箱受控式循环水养殖

(一) 箱体消毒

在放养鱼苗前 15 天分别用稀释的漂白粉对两个标准养殖箱进行消毒，消毒时使箱体内的水深控制在 10~15cm。在泼洒漂白粉时尽量整个箱体泼洒。由于消毒清塘时的水位较浅，通过 15

天左右的暴晒，在以后一段时期内可以有效抑制疾病的预防和发生。

（二）鱼种放养

放苗种进箱规格20g以上，养的鱼苗均为体质健壮、大小均匀、无病无伤，不同鱼种放养密度不一，罗非鱼、生鱼、彩虹鲷等密度可达到4 000尾/箱，苗种放养前系统需试运行，测试进出水管道、气管、及水泵、气泵等是否正常运行。鱼苗放养前期曝气量不宜过大，避免鱼苗碰撞受伤。

（三）饲料投喂

循环箱投喂点在箱顶的4个天窗，投喂饲料半个小时后需要增大曝气量，防止水体缺氧。循环箱使用膨化颗粒饲料，严格控制投喂量，避免饲料漂浮箱中。

（四）水质监测

每天对水体的温度、溶氧、pH值、氨氮、亚硝酸盐含量进行检测，并统计每个月水质指标的平均值。视养殖品种、规格、密度，适当调节水量，气量。

（五）生产记录

做好各项生产记录，包括苗种放养记录、饲料用量记录、生产支出记录、换水记录、鱼苗死亡情况等。

（六）勤巡视

密切关注鱼苗生长和摄食情况，加强集装箱巡视工作，以防断电。每日检查风机状态，单箱要求25m^3/小时，气压0.03Mp，并注意保养。

（七）科学换水

在养殖过程中会根据水的质量和指标大小进行换水，每次换水10~40cm，其中，在10月和12月换水次数最为频繁，每次换完水之后，水中的氨氮和亚硝酸盐含量都会有所减小。在此期间，水体的温度、溶氧和pH值相对稳定。

（八）排污

每日 3 次，每次投喂后半小时及中午，每次换水量为 40%。平时养殖的过程中，等高水位已经在不断交换水量，不断排污。喂料后的 30~60 分钟后产生的粪便会较多时，可打开等高水位的底排阀，排走 2/5 或者 3/5 的水。

（九）高温应对

首先，集装箱上可以增加遮阳网和喷水装置，用于夏天高温时降温；其次，集装箱四周可以安装用低导热材料制作的散热板夹层，有效地减缓了热量向箱内传导；再次，往集装箱中加注井水（18℃），水量为流水量 25%，将箱内水温控制在 27~29℃。

（十）病害处理

（1）箱体水循环系统受到暴风雨的影响时，在暴风雨前夕会视具体情况将箱体的水循环系统关闭，打开曝气，以维持水体恒定的溶氧、氨氮等水体指标，以保障鱼类生存。

（2）遇到池塘水质骤变，也停止水循环，增大系统曝气量，短期内减少或者不投喂，以维持鱼类正常生长。

（3）细菌病或寄生虫病感染时，停止水循环，增大曝气量，集中药物处理，期间可投喂增强免疫中草药药饵，减少或停止投喂正常饲料。

（十一）成鱼出箱

降低循环箱水位至 1m 左右，打开出鱼口，提起挡鱼板，出鱼口外放置接鱼箱，接鱼箱满后放下挡鱼板，更换接鱼箱继续出鱼。带水操作避免鱼体受伤感染。

第六节　集约化生态养殖典型案例

一、池塘工程化养殖

由于循环微流水养鱼是在人工控制的水体中进行集约化、高

密度养殖，不仅具有周期短、生长快、产量大和商品率高等优点，还适宜多品种、多规格同时养殖，能做到均衡上市，降低生产成本在35%左右，每8~10亩面积建一条养殖槽，每条槽产量在1.5万~2.5万kg，折合亩产1 875 kg以上，比常规养鱼增产50%左右，高的可增产1倍以上。

案例1（草鱼养殖）

2015年3—11月，陕西省西安市引进了低碳高效池塘循环流水养鱼技术，并进行了养殖试验。其养殖情况总结如下：在面积12亩的池塘中修建1#、2#、3#、4#共4口流水池，流水池规格相同，均为19.6m×3m×2m，流水池水位常年维持在1.5 m；在每口流水池的上游安装导流式推水增氧设备1套，流水池下游设有集污池，鱼塘内另外安装2只导流式推水增氧设备，以使整池水体按照逆时针方向形成流动水体。2015年3月底建设完工，4月9日开始加水，4月23日正式放养吃食性鱼类，在4口流水池内共放养500~600g/尾草鱼11 975 kg。4月23日在试验池净化区放养花鲢160尾，规格600g/尾；5月13日放养白鲢3 200尾、规格120g/尾，白鲢夏花1万尾。6月22日，抽粪装置正式启用。试验期间，试验池不换水，只补充新水。选用草鱼硬颗粒配合饲料，蛋白质含量28%~30%。试验结果表明，养殖产量1#、2#、3#、4#流水池的草鱼规格为1.3~1.5kg/尾，其产量分别为5 831 kg、5 593kg、8 150kg、8 311kg，4个流水池产量合计为27 435kg，成活率为82.6%，饲料系数约2.04，平均单产为77.76kg/m^3；净化区放养鱼类以当年繁育的白鲢、花鲢夏花鱼种为主，亩产量预计130kg。整个池塘的总产量为28 995 kg，平均产量为2 416.25 kg/亩。本次试验的生产投入包括池塘租金、鱼种、饲料、人工成本、电费等合计317 100元，成根据市场行情计算，亩产值28 475元，亩利润2 050元。

案例2（吉富罗非鱼养殖）

2017年6—11月，江苏省淡水渔业研究中心扬中基地池塘工程化循环水养殖吉富罗非鱼“中威1号”作一总结。在62.5亩池塘环沟内建造联排不锈钢框架结构流水槽6条和改性PVC钢架流水槽6条，2组流水槽呈对角线排列，形成对角循环对流、能耗最低的循环流水设计模式；每组水槽配套1个约1亩的污水沉淀池，用于种植鱼腥草、薄荷和虎杖等中草药。水槽养殖区规格为22m×5m×2.5m，养殖区底部安装增氧设施；集污区长3m，设有轨道式吸污装置。养殖区面积合计1 320 m^2，占池塘总面积的3.19%，剩余的池塘区域为净化区域，对养殖尾水进行净化处理，主要采用水下放养花白鲢、鳜鱼，水上种植水葫芦及吊养珍珠蚌方式进行水质净化利用。2017年6月11日，拉网，打样，将平均6.25g/尾的苗种按照不同密度分别放养于10#（30 000尾）、11#（10 000尾）和12#（20 000尾）流水槽，其养殖密度分别为136尾/m^3、45尾/m^3、90尾/m^3。净化区套养白鲢（3 000尾）、花鲢（100尾）、鳜鱼（1 500尾），吊养珍珠蚌（25 000个）。2017年11月3日，对10#、11#、12#水槽的吉富罗非鱼进行随机抽样测定，3个水槽养殖的吉富罗非鱼平均体重为405.4g/尾、500.5g/尾、452.1g/尾；成活率分别为90.60%、95.93%、93.57%；养殖产量分别为11 018.7kg、4 801.29kg、8 460.6 kg，平均产量分别为50.08kg/m^3、21.82kg/m^3、38.45kg/m^3。饲料系数分别为1.53、1.47、1.49。效益测算（1）成本核算：饲料单价4.3元/kg、苗种费用4元/kg；人工工资3 000元/槽、燃料动力费1 500元/槽、药品费200元/槽、单条水槽折旧费5 000元/年，3条水槽总成本18.87万元。（2）效益测算：吉富罗非鱼江苏烤鱼专用塘口价11~12元/kg，3条水槽总产值为28.89万元；单槽最高效益4.97万元。

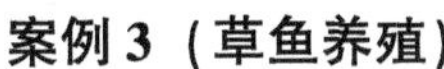

案例 3（草鱼养殖）

2017 年，在广州市南沙区，在 50 亩池塘中构筑 8 条养殖水槽（规格 4m×20m×2m），建立池塘工程化循环水环保养殖系统，在系统中放养规格平均为 500g/尾的大规格草鱼，在每条水槽中放养 1 万尾草鱼，共放养 8 万尾草鱼，使用蛋白为 28%的膨化饲料，养殖 50~60 天，草鱼可生长至 0. 9~1. 1kg/尾，每条水槽容纳量控制在 1 万 kg，每年可生产 4 批次。2017 年，该系统年产量 30 多万 kg，净重 14. 45 万 kg，其他杂鱼 2. 8 万 kg，毛利润约 100 万元，该系统养殖过程中没有向外排水，基本可实现零换水养殖。

案例 4（草鱼、斑点叉尾鮰养殖）

2017 年 4 月，四川省资阳市远诚水产养殖专业合作，刘利军投资近 40 万元，引进了美国大豆协会 IPA 池塘内循环流水养殖技术，在其 26. 8 亩的鱼塘建设 4 条长 22m、宽 5m、高 2. 8m 的内循环养殖槽。2017 年 7 月，刘利军的池塘内循环流水养鱼系统投入使用，养殖槽内蓄水深度达 2. 5m。槽内单养名优品种，大塘生态养殖花白鲢，4 条水槽投放草鱼 1. 3 万尾、斑点叉尾鮰 1. 5 万尾，苗种平均规格 50~150g/尾。在 2018 年 6—10 月的捕捞季，4 条水槽共产鱼高达 8 万 kg，另外，在外塘还产了近 1 万 kg 花白鲢。26. 8 亩的水面平均下来，产量达到了每亩 3 350 多 kg，是传统池塘养殖产量 2 倍以上，且比传统养殖节约了 60%的用药量。另外，由于在养殖槽内“圈养”，鱼的运动量增大、肉质紧实，加上养殖槽三面均是混凝土硬化，养出的鱼也不带泥腥味儿，鱼的品质提高了，每 500g 价格也提高了 0. 5~0. 8 元。

二、工厂化循环水养殖

上海对渔业机械仪器研究所主持的“淡水鱼工厂化循环水养殖关键技术与模”项目，宝石鲈或罗非鱼养殖单产超过50kg/m^3，成活率超过95%，饲料系数低于1.5，运行能耗降20%以上，养殖废水实现达标排放。

“淡水鱼类工厂化养殖系统技术集成与示范”江苏南通示范点，养殖的澳洲龙纹斑等生长良好。平均养殖密度达38kg/m^3，平均成活率91.2%，平均饲料系数1.23，产出1kg鱼平均耗电2.18kW/小时。

案例1（澳洲宝石鲈养殖）

从2016年8月24日至2017年5月27日，共计277天，江苏张家港市，凤凰镇纽艾农业科技有限公司，养殖澳洲宝石鲈。水处理系统为自主研发，鱼池为圆形鱼池，共计32个，其中，8个于第一批养殖试验（1~4号池平均放养规格28.7g/尾，5~8号池平均放养规格16g/尾，每个池放养密度1 200尾，共计投放9 600尾苗种）。鱼池规格3.4m×3.4m，水深1.1m。深1.1m。试验开始前，消毒浸泡后投入使用。养殖管理：养殖饲料为鲈鱼料，苗期使用饲料蛋白质含量为42%~43%，成鱼期使用饲料蛋白质为38%，一天投喂4次，分别是8：00、11：00、14：00、17：00。宝石鲈分筛（体重达30g）前投喂量按鱼体重的7%计算，中期分筛（体重250g）后投喂量按鱼体重的3%计算，养殖期间每月不定期停喂2天。水质管理：利用物联网系统每天实时动态监测养殖水体的溶氧、pH值、温度、氨氮以及亚硝酸盐水平。通过统计数据计算，养殖期间温度维持在（28.11±0.77）℃，pH值在7.13±0.14，溶解氧维持在（7.13±0.14）mg/L，亚硝酸盐水平维持在（0.06±0.02）mg/L，氨态氮水平

维持在（0.09±0.11）mg/L，水质条件可以满足宝石鲈的生长需求。养殖产量：2017 年 5 月养殖宝石鲈成鱼平均规格达 452g/尾，放养苗种总量为 214.4kg，养成总产量约为 3 357.8 kg，以平均 100 元/kg 的单价计算，总收入可达约 33.6 万元。通过计算，1～4 号池平均尾日增重达约 1.68g，5～8 号池平均尾日增重达约 1.39g。养殖成本构成，总投资 78.63 万元，其中，鱼苗 0.48 万元（占总投入 0.6%）、饲料 4.4 万元（占总投入 5.6%）、水电费 1.85 万元（占总投入 2.4%）、人工费 1.4 万元（占总投入 1.8%）、其他费用 0.5 万元（占总投入 0.6%）、固定设备投资 70 万元（占总投入 89%）。

案例 2（俄罗斯鲟养殖）

上海瀚渔环境科技有限公司，鲟鱼工厂化循环水养殖试验系统占地面积约 240m^2，一共 2 套循环水养殖试验系统，每套系统由 4 个长为 3.5m、深 1.2m 的方倒圆角水泥养殖池及相应的水处理设备构成，每个水泥池有效养殖水体约 10m^3。每套系统 4 口鱼池中，选用 2 口鱼池进行试验，试验初始投放的为 50～100g/尾的大规格俄罗斯鲟鱼苗，投放密度为 600 尾/池。选用的饲料为鲟鱼专用配合颗粒饲料（粗蛋白 42%、粗脂肪 6%），日投喂量为体质量的 1.5%，投喂频率 2～4 次/d。经过 4 个月时间的养殖试验，鲟鱼平均体重从 77g/尾增长到 438g/尾，养殖池平均养殖密度从 4.6kg/m^{3}增长到 25.4kg/m^3，饵料系数 1.20，整个养殖试验周期鱼类存活率为 96.6%，换水量在 5%以下。水质情况，氨氮控制在 0.09～2.824mg/L，亚硝酸均（0.18±0.15）mg/L，溶解氧在 4～9mg。鲟鱼摄食和生长情况正常，平均体质量增加了 361g，每千克鱼电耗 7.88kW/小时。

案例 3（哲罗鱼养殖）

2014 年 10 月至 2015 年 6 月，黑龙江省肇东市福山村鱼类养殖示范基地和黑龙江水产研究所工厂化养殖车间进行了养殖试验，试验用哲罗鱼幼鱼 5 000 尾，平均体质量（10±3）g；投喂鲑鳟专用饲料（爱乐饲料），蛋白质含量 45%，脂类含量 15%；外源水为井水，在水温 15～17℃。哲罗鱼幼鱼饲养在由 24 个直径 1 800 mm、高 1 000 mm 养殖池组成的封闭循环水系统中。经过 8 个月的养殖表明：养殖密度达到 31. 8kg/m^3，成活率 96%，肥满度为 1. 01～1. 30，鱼的平均体质量增加 350g，体长增加 21. 3cm，鱼体生长状况良好。养殖期间生物滤器 2 天反冲洗 1 次，有效提高了生物滤器的氨氮转化效率；紫外线消毒方式有效对系统进行了消毒杀菌；监测表明，系统水处理效果显著，其中，氨氮平均浓度维持在（0. 56±0. 05）mg/L；亚硝酸盐含量为（0. 15 ± 0. 05）mg/L；溶解氧为 8. 37 ～ 9. 45mg/L；pH 值为 8. 21～8. 63。

三、集装箱受控式循环水养殖

养殖箱体只占 15m^2，相同产量下可节约 75%～98%的土地和 95%～98%的水资源。养出的水产品病害发生率和用药量大幅降低，鱼在箱体中始终逆水游动，肉质细嫩弹牙没有腥味。此外，箱内“斜面集污”和箱外无动力自转干湿分离器，让养殖废物固体集污效率高达 90%以上，残饵和鱼粪还可作为肥料实现循环种养，生态效益明显。

技术参数：占地 15m^2，有效养殖水体 25m^3，供电 0. 7～1kW，水循环量：15m^3/小时，单次循环<2 小时，气量 25m^3/小时，气压 0. 03Mpa。运营参数：16～24 度日均用电量，饲料投喂比 1. 2，每箱 2. 5～5t 年产量，经济效益为 4 万～8 万元/箱/年

（视养殖品种及当年市场而定）。

案例1（宝石鲈养殖）

以广东省罗非鱼良种场2016年养殖宝石鲈为例。养殖箱规格集装箱规格6.5m×2.3m×2.7m，水深1.7m，箱体31m^3，水体25m^3。单箱单茬养殖成本约3.2万元（鱼苗3 000元、饲料1.9万元、人工费3 500元、水电3 700元、设备折旧2 200元、其他600元），产量1.8t，按成鱼收购价20元/500g计，产值7.2万元，利润4万元；该模式在广东1年单箱可养殖2茬，2箱（相当于1亩池塘）养殖成本12.8万元，年产量7.2t、产值28.8万元、利润16万元。而当地池塘1年最多可养殖2茬宝石鲈，亩养殖成本5.4万元，年产量2t（按13.5元/500g计）、产值8万元、利润2.6万元。

案例2（罗非鱼养殖）

以广东省罗非鱼良种场养殖罗非鱼为例。集装箱规格6.5m×2.3m×2.7m，水深1.7m，箱体31m^3，水体25m^3，放养数量为3 800尾/箱，放养密度120尾/m^3，鱼苗规格10朝（鱼的背宽3cm），投喂蛋白质含量30%左右全价人工配合饲料（罗非鱼专用），要求饲料营养全面、新鲜、不变质。投饲要坚持“四定”原则。定时：每天9：00和15：00分两次投喂；定质：选购营养全面、质量保证的饲料，蛋白质含量30%左右；定量：饲料投喂根据鱼体重、摄食情况、天气情况等确定，投饲量占鱼体重的2%~3%。定点：投饲位置要相对固定，便于罗非鱼摄食。病害防治：罗非鱼受控式集装箱循环水养殖程中常见的病害是寄生虫病，主要由车轮虫和指环虫引起，建议鱼种放养前使用1g/m^{3}的硫酸铜或20g/m^{3}的高锰酸钾等药物全池泼洒并浸浴30分钟，具有较好的预防效果。针对车轮虫病，可使用硫酸铜0.5g/m^3，硫酸亚铁 0.2g/m^3配制成合剂后全池泼洒；针对指环虫病，可使用10%甲苯达唑溶液 2g/m^3浸泡 2 小时。1 个集装箱配备 1 台泳池热泵热水机加温越冬，并在集装箱两端通口处遮盖塑料薄膜用以保温。全年可养殖 3 箱罗非鱼，养殖 4 个月，体重可达 500g 以上的上市规格。平均单产 3 000 kg/造，约 96kg/m^3，年产量 9 000 kg/箱，产值 13.5 万元/箱/年，净利润 290 元/m^3。

案例 3（加州鲈养殖）

2017 年 5 月 1 日至 2017 年 10 月 5 日，宁夏回族自治区集装箱养殖加州鲈试验。该集装箱养殖系统主要由 3 个集装箱箱体组成，其中，分为 2 个养殖箱（各 27m^3）和 1 个处理箱（27m^3）。1#养殖箱放加州鲈鱼种平均体重为 26g/尾，放养密度为 160 尾/m^3；2#养殖箱放加州鲈鱼种平均体重为 26g/尾，放养密度为 180 尾/m^3；同时，3#池塘作为对照，放养加州鲈平均体重 26g/尾，密度为 2 000 尾/亩。养殖箱试验期间每 3 天排污 1 次，每次排污 3 分钟；坚持“四定”原则科学投喂，加州鲈选用粗蛋白质含量 46%的浮性膨化配合饲料；每天 8：00、12：00、16：00 各投喂 1 次，饲料投喂量根据水温和天气情况，按鱼体重 3%~5%投喂。试验期间养殖箱水质指标：pH 值（8~10）、溶解氧（4~6mg/L）、氨氮（0.5~2mg/L）、亚硝酸盐（0~0.3 mg/L）；池塘水质指标：pH 值（8~10）、溶解氧（4~6mg/L）、氨氮（1~2.6mg/L）、亚硝酸盐（0.03~0.55mg/L）；经过 150 天集装箱循环水养殖试验，集装箱加州鲈鱼种平均成活率为 94%，池塘加州鲈鱼种平均成活率为 88%。试验结束：1#养殖箱平均体重 295g/尾，收获加州鲈 1 171.8 kg，收获密度 43.4kg/m^3，成本预估 1.15 万元，效益预估 2.36 万元，每立方米水体经济效益预估为 876.1 元；2#养殖箱平均体重 280g/尾，收获加州鲈 1 252.8 kg，收获密度 46.4kg/m^3，成本预估 1.32 万元，效益预估 2.43 万元，

每立方米水体经济效益预估为 903.1 元；3#池塘收获平均体重 2 480 g/尾，收获加州鲈 2 182.5 kg，收获密度 436.5kg/亩，成本预估 2.85 万元，效益预估 3.69 万元，每亩经济效益预估为 7 395 元。本试验主要示范加州鲈鱼种前期培育阶段，因此，放养密度较小，如果养至商品鱼，预期 1 个标准集装箱年产量可达 2 000 kg 左右，每立方米水体产量 80kg。

案例 4（大鳞鲃养殖）

2016 年 8 月 16 日至 2017 年 6 月 15 日，国家大宗淡水鱼产业技术体系银川综合试验站示范点宁夏水产研究所进行了“一拖二式”集装箱养殖大鳞鲃试验。集装箱养殖系统主要由 3 个集装箱箱体组成，共分为 2 个标准养殖箱和 1 个智能水处理箱，处理箱位于 2 个集装箱中间。每个养殖箱箱体 31m^3，能容纳 25m^3 水体，箱底为 10°的斜坡，以便于排出污水、无伤出鱼等。集装箱顶部有 4 个天窗，便于投喂饲料、观察鱼情、应急处置、养殖设施的管理等。鱼种放养：2016 年 8 月 16 日，放入鱼苗，3 500 尾/箱，平均规格 85.71g/尾，两箱共7 000尾，约 600kg。饲料投喂：放养后先对鱼苗进行人工驯化，即每天在特定的区域投喂少量的饲料，驯化时需安静并保持耐心。1 周后开始根据鱼苗的食量进行投喂饲料，每天上午 8：00、下午 2：00 和晚上 8：00，分 3 次投喂大鳞鲃专用饲料。水质监测：每天对水体的温度、溶氧、pH 值、氨氮、亚硝酸盐含量进行检测，养殖期间水质状况为温度（13.26～22.93℃）、溶氧（0.6～7.3 mg/L）、pH 值（7.01～8）、氨氮（1.11～5.3 mg/L）、亚硝酸盐（0.2～1.7 mg/L）。在养殖期间共死 307 尾，其中，有 251 尾鱼苗由于运输和放养过程中出现受伤死鱼的，在后来的养殖过程中并没有出现大规模的死鱼现象。到 2017 年 6 月出鱼 6 693 尾，共 2 000kg，平均每尾 298.82g，平均每立方米水体出鱼 40kg。综合大鳞鲃受控式集装箱循环水养殖情况和成活率来看，大鳞鲃具有较好的生长特性，耐低氧、成活率高、生长速度快、养殖经济效益好。

案例 5

广东佛山顺德某园区内 20 套陆基推水式集装箱，在 8 亩三级生态净水池塘的辅助下，已成功试养了罗非鱼、巴沙鱼、四大家鱼、鳗鲡、乌鳢、宝石斑、加州鲈、尖吻鲈、淡水白鲳等多个品种。根据测产验收，20 个陆基推水养殖箱体最高产能可达 100t，按照配套 8 亩生态净水池塘计算，每亩水体年产量为 12. 5t，是传统池塘养殖的 5 倍。

参考文献

陈家长，何尧平，孟顺龙，等.2007. 蚌、鱼混养在池塘养殖循环经济模式中的净化效能［J］. 生态与农村环境学报（2）.

方云英，杨肖娥，常会庆，等.2008. 利用水生植物原位修复污染水体［J］. 应用生态学报（2）.

谷婕，吴涛，黄璜，等.2017. 我国稻田养鱼经营的发展进程与展望［J］. 作物研究，31（6）：597-601.

黄璜，刘小燕，戴振炎，等.2016. 湖南省稻田养鱼生产与农业供给侧改革［J］. 作物研究，30（6）：656-660.

蒋业林，侯冠军，王永杰，等.2015. 稻田养鳖生态系统构建与种养殖技术研究［J］. 安徽农学通报，21（20）：94-95.

寇祥明，谢成林，韩光明，等.2018. 3 种稻田生态种养模式对稻米品质、产量及经济效益的影响［J］. 扬州大学学报（农业与生命科学版），39（3）：70-74.

雷慧僧，主编.1981. 池塘养鱼学［M］. 上海：上海科学技术出版社.

李良玉，何舜，蒋波，等.2018. 适宜成都市稻田综合种养模式的水稻品种试验研究［J］. 南方农业，12（7）：49-51.

林静，谢冰，徐亚同.2007. 复合微生物制剂对芦苇人工湿地去除污染物的影响［J］. 水处理技术（2）.

刘贵斌，周江伟，黄璜.2017. 中国稻田养鱼生产的发展、进步与功能分析［J］. 作物研究，31（6）：591-596.
刘建康，等 . 1999. 高级水生生物学［M］. 北京：科学出版社.
农业部《渔药手册》编撰委员会 . 1998. 渔药手册［M］. 北京 . 中国科学技术出版社.
桑连海，李兆华 . 2007. 基于氮磷循环的水上农业模式探讨［J］. 长江科学院院报（6）.
上海水产学院 . 1983. 淡水捕捞学［M］. 北京：农业出版社.
宋旭，蔡继杰，丁学锋，等 . 2007. 富营养化水体的物理-生态修复技术发展综述［J］. 农业环境科学学报（S2）.
王红艳，崔玉枝，王玉娟 . 2017. 实施大水面生态养殖提质增效技术配套应用总结［J］. 渔业致富指南（6）：27-29.
王武 . 2000. 鱼类增养殖学［M］. 北京：中国农业出版社.
肖伟，张锋，赛清云，等 . 2018. 宁夏地区集装箱循环水高产高效养殖试验初报［J］. 科学养鱼（1）：22-23.
杨丽专，刘付永忠，李勇 . 2017. 罗非鱼受控式高效循环水集装箱养殖技术［J］. 海洋与渔业（6）：60.
叶少文 . 2012. 梁子湖鱼类群落和渔业资源的历史变化［A］. 中国鱼类学会 . 中国海洋湖沼学会鱼类学分会、中国动物学会鱼类学分会 2012 年学术研讨会论文摘要汇编［C］. 中国鱼类学会，中国海洋湖沼学会：2.
余红喜，孙守旗 . 2017. 规模化稻田生态泥鳅养殖示范区［J］. 水产养殖（2）：25-27.
张觉民，何志辉 . 1995. 内陆水域渔业自然资源调查手册［M］. 北京：中国农业出版社.
张志勇，冯明雷，杨林章 . 2007. 浮床植物净化生活污水中 N、P 的效果及 N_2O 的排放［J］. 生态学报（10）.